U0254692

[波] 拉多斯瓦夫·兹比科夫斯基 著

胡琪鑫 译

自然观察探索百科丛书

岩石和矿物大百科

四川科学技术出版社

图书在版编目（CIP）数据

岩石和矿物大百科 / (波) 拉多斯瓦夫·兹比科夫斯基著 ; 胡琪鑫译. -- 成都 : 四川科学技术出版社, 2024.8. -- (自然观察探索百科丛书). -- ISBN 978-7-5727-1421-4

Ⅰ. P5-49

中国国家版本馆CIP数据核字第2024C20W04号

审图号：GS 川（2024）144号

著作权合同登记图进字21-2024-068

Copyright©MULTICO Publishing House Ltd.,Warsaw Poland

The simplified Chinese translation rights arranged through Rightol Media

（本书中文简体版权经由锐拓传媒旗下小锐取得Email:copyright@rightol.com）

自然观察探索百科丛书
ZIRAN GUANCHA TANSUO BAIKE CONGSHU

岩石和矿物大百科
YANSHI HE KUANGWU DA BAIKE

著　　者	[波]拉多斯瓦夫·兹比科夫斯基	
译　　者	胡琪鑫	

出 品 人　程佳月
责 任 编 辑　朱　光
助 理 编 辑　杨小艳
选 题 策 划　鄢孟君
特 约 编 辑　米　琳
装 帧 设 计　宝蕾元仁浩（天津）印刷有限公司
责 任 出 版　欧晓春
出 版 发 行　四川科学技术出版社
　　　　　　成都市锦江区三色路238号　邮政编码：610023
　　　　　　官方微博：http://weibo.com/sckjcbs
　　　　　　官方微信公众号：sckjcbs
　　　　　　传真：028-86361756
成 品 尺 寸　230 mm×260 mm
印　　张　10
字　　数　200千
印　　刷　宝蕾元仁浩（天津）印刷有限公司
版次/印次　2024年8月第1版 / 2024年8月第1次印刷
定　　价　78.00元

ISBN 978-7-5727-1421-4

邮　　购：四川省成都市锦江区三色路238号　邮政编码：610023
电　　话：028-86361770

引言

　　岩石和矿物无处不在，虽然它们可能看起来平平无奇，但事实并非如此。岩石和矿物是物质中最为特别的组成部分之一，对整个宇宙有着极其重要的意义。首先，它们是地球以及大量不同宇宙天体的主要组成部分。其次，许多岩石的年龄已经达到数千、数百万甚至数十亿年。因此，即便是一块小小的岩石，也可能见证过地球的历史变迁。虽然岩石和矿物被归类为大自然中没有生命的物质，但它们实际上可以揭开地球生命的许多秘密。无论是巍峨的高山，还是微小的石子，它们都像默片演员一样，不通过声音，而是通过外表和姿态来说话。颜色、形状、硬度、纹理和表层质地只是岩石和矿物的古老语言中的几个重要词汇。学会理解这门古老语言的人一定会发现，实际上，没有一块石头是沉闷无趣的。

　　亲爱的读者，我希望你面前的这本书能带领你走进岩石和矿物的世界。如果读完这本书以后，你开始拿起石头仔细观察，那么也许将来你会成为一名地质学家，去探索我们这个奇妙地球的众多奥秘。

拉多斯瓦夫·兹比科夫斯基

目录

4

5

最初的元素——氢

我们一般认为，宇宙形成于大约140亿年前的一次大爆炸。

在这场宇宙大爆炸中，出现了以氢原子和氦原子形式存在的原始元素。

元素的原子是微观的物质粒子，包括岩石和矿物在内的整个宇宙都是由这些微观粒子构成的。

氢和氦占据了如今宇宙物质的99%，其中氢约占75%，氦约占24%。

剩下1%的物质是由元素周期表上的其他元素组成的。

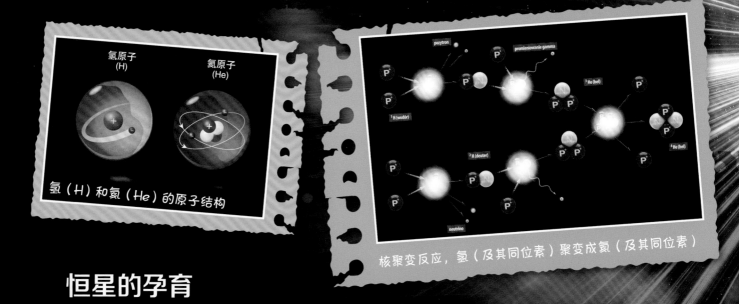

氢（H）和氦（He）的原子结构

核聚变反应，氢（及其同位素）聚变成氦（及其同位素）

恒星的孕育

几十亿年前，宇宙中的物质是高度分散的。由于引力的作用，巨大的氢气团开始出现在宇宙的各个角落。随着时间的推移，这些氢气团开始聚集形成紧凑密集的球体，巨大的压强使得球体内部被加热到数百万度。最后，两个氢原子开始融合在一起，形成一个单一的氦原子。整个过程类似于两个塑料小球融合成一个大球，这样的变化被称为核聚变。这个聚变反应会产生出一种新的元素，并向太空释放出巨大的能量。我们可以看到这种能量以明亮星光的形式呈现。参与核聚变的氢是无数恒星发光发热的主要燃料，其中也包括我们的太阳。

恒星的内部是许多元素的诞生地

我们每个人都是由恒星创造的元素组成的

元素的"炼丹炉"

恒星的内部有加热的"炼丹炉",各种元素的原子会在这里被"热焊"和"融合"。随着时间的推移,恒星中产生的氦的数量增加,而主要的燃料氢则减少。在这种情况下,恒星的燃料就会从氢转换为氦。氦原子,就像之前的氢原子一样,开始如塑料小球一样凝聚在一起。这样一来,一个更重的球就以铍原子的形式出现了。当一个氢原子附着在它上面时,就形成了碳原子,它也将成为恒星的主要燃料。在恒星的一生中,许多不同的元素原子被创造出来,如氧、氮、镁、硅、硫、氯、钠、钾、钙,以及其中最重的铁。当一颗恒星内部不再产生更多的元素时,就到达了它生命的终点,它会先缩小,然后在一个被称为超新星爆炸的巨大爆炸中结束其一生。由此产生的恒星粒子被喷射到太空中,开始相互碰撞并聚集在一起。这时会产生比铁更重的元素,如锌、铜、铀、铅、金、银等。由于我们的人体是由恒星创造的各种元素组成的,可以说我们是恒星的孩子。

距离太阳第三近的"岩石"

在太阳系中有四颗岩质行星，它们分别是水星、金星、地球和火星，距离太阳第三近的行星是地球，它形成于大约45亿年前。元素原子的气态云在灵动的舞蹈中旋转并相互碰撞，形成了尘埃物质的颗粒，这是在重力和垂死恒星的冲击波的影响下发生的。随着时间的推移，这些颗粒聚集在一起，质量越来越大，然后在数百万年后，演变成为球形的地球。

炙热的球状果仁糖

从轮廓来看，地球像一个巨大的球状果仁糖。它有一个坚硬的岩石表面，一个柔软的内部，内核像一颗坚硬的坚果。包裹球体的外层岩石被称为地壳，它对我们的生活极为重要，我们在上面行走，房屋也建于其上。地壳只占地球体积的1%。地壳下面的一层叫作地幔，它是由滚烫的液体岩浆构成的，占据了地球体积的84%。剩下的15%是中心，即地球的受热核心，其中的温度高达6 000℃，与太阳的高温表面一样滚烫！

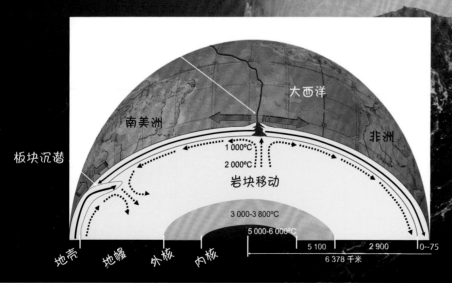

滚烫的岩浆不断从陆地和海洋底部渗出

板块沉潜

大西洋

南美洲

非洲

1 000℃

2 000℃

岩块移动

3 000-3 800℃

5 000-6 000℃

地壳　地幔　外核　内核

5 100　　2 900　　0~75

6 378 千米

地球的横断面

地裂现象

地球的表面并不像充满气的气球那样均匀光滑，而是存在着很多条裂缝。这些裂缝是大型板块的边界，当这些板块被挤压在一起时，就像一幅巨大的拼图。其间循环着来自地球内部的滚烫岩浆。岩浆向上涌动，流淌在板块之间。有些岩浆未能到达这些裂缝，而是水平地在板块下移动，然后涌向受热核心。这看起来就像地球内部有一个巨大的、旋转的发动机，以循环往复的方式驱动着岩浆上下流动。

地球板块漂移

岩浆因其高温加热熔化地壳，这种宏大的现象导致了岩石圈板块的撕裂和移位。漂浮在滚烫岩浆上的巨大岩块相互移动、相互碰撞，众多的地震和火山喷发就常常发生在这些碰撞区域。来自地球内部元素的力量是如此之大，就连冰冷的海水也无法浇熄这些逃逸的滚烫岩浆。据估计，地球上大约80%的火山喷发发生在海洋底部。利用卫星来记录不同大陆板块上全球定位系统（GPS）信号接收器之间持续性的距离变化，就可以确定岩石圈板块的漂移速度。岩石圈板块漂移的速度在人类的时间尺度上是非常缓慢的，每年从几毫米到几厘米不等。

25亿年前和今天的大陆板块的位置示意图

这是地球表面部分裂缝的位置，加热的岩浆通过这些裂缝从地球内部涌出

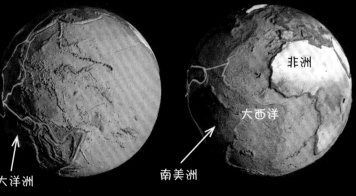
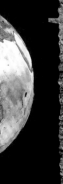

从元素到岩石

从太空中看，我们的星球就像一个由坚硬的岩石块构成的巨大球体。其中的一些小块岩石通常被称为石头。

如果这些石头被水流冲刷得光滑圆润，就被称为鹅卵石，圆形的大石头则被称为巨石。毫无疑问，最大的岩石就是山脉。

研究岩石、地球表面和内部结构及其演化过程是一门自然科学，被称为地质学。

稀有珍贵的矿物被称为宝石，其中包括紫水晶

化学元素和矿物

地壳主要由92种化学元素构成。其中有8种元素占主导地位，共占地壳质量的99%以上。

这些元素是：氧（46.6%）、硅（27.7%）、铝（8.1%）、铁（5.0%）、钙（3.6%）、钠（2.8%）、钾（2.6%）和镁（2.1%）。

矿物是由不同的化学元素组成的，它们以各种方式相互结合。

矿物

目前已知的矿物有5 000多种，而且不断有新的矿物被发现。每一种矿物都有其特定的成分，一般由一种、两种或几种元素组合而成。研究矿物的学科是地质学的一个分支，称为矿物学。要将一种物质归类为矿物，它必须符合右侧所列出的几点标准。

矿物是：

▶ 固体——但也有极少数以液态形式存在的矿物，比如石油等。

▶ 无机物——绝大多数有机物质不是矿物，比如一块坚硬的蜂蜜就不是矿物。

▶ 具有有序晶体结构——如果一块坚硬的石头是由无序连接的元素原子构成，那么它就被归类为准矿物。准矿物包括琥珀、黑曜岩和燧石等。

▶ 由自然过程形成，而非在实验室中形成——虽然玻璃或瓷器的彩色碎片有时看起来很美丽，但它们是人工制造的，因此不是矿物。

岩石

如果你仔细观察一块岩石，就会发现上面有无数五颜六色的小颗粒。有的几乎看不见，有的有芝麻大小，还有的有豌豆大小，这些颗粒就是矿物。我们可以把岩石比作是书中的文章，想象一下，元素的原子是字，矿物是词，一块岩石就是整个句子。正如不同词语结构的句子组成了文章，不同矿物成分的岩石构成了我们的星球。研究岩石的学科是地质学的一个分支，叫作岩石学。

在偏光显微镜下可见的造岩矿物

建造方尖碑的岩石是花岗岩

记住！

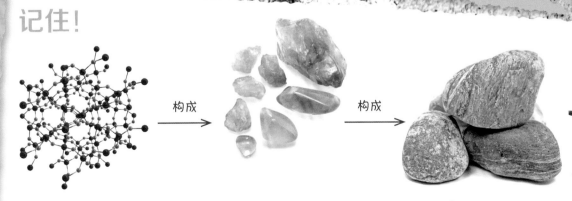

原子　　　　　构成　　　　　矿物　　　　　构成　　　　　岩石

矿石晶体

在矿物世界中，结构的基本单位是晶体，而研究、描述晶体，并对其进行分类的学科就是地质学的一个分支——晶体学。

绿铜矿

海蓝宝石

磷灰石

晶体是什么样子的？

许多矿物都像透明的冰块，它们表面光滑且闪耀着玻璃光泽。然而，矿物通常会呈现出绿色、红色或黑色等各种颜色。这些颜色通常是由"杂质"造成的，这些"杂质"是"寄居"于晶体中的各种元素的原子痕迹。矿物的颜色还受晶格结构中的缺陷影响，这些晶格缺陷是由原子空位、间隙和置换造成的。

窥探晶体

肉眼无法观察到晶体的内部，因此需要使用电子显微镜等专业设备。有一种检测方法是对晶体进行X射线检测，这类似于放射科医生对人体进行X射线检查。通过这种方法，我们可以知道晶体内部存在着对称排列的元素原子。

晶格结构

晶胞

盐晶体由有序的钠原子和氯原子组成

三维晶体结构

晶体中的元素原子排列极为精细。它们特殊的空间排列、重复周期以及连接方式形成了一个三维的晶体结构。晶格由空间中规则排列的元素单元组成，看起来就像是有着光滑侧壁和锐利边缘的对称几何体。一共有7种基本的晶系，分别是立方晶系、四方晶系、六方晶系、正交晶系、单斜晶系、三斜晶系和三方晶系。

结晶

矿物晶体通常是由地球内部逸出的沸腾岩浆在冷却变硬后形成的。这个过程不会太快，因为只有这样，晶体中的原子才有时间以有序的方式相互排列。岩浆在形成美丽的矿物晶体之前，往往要经过数千年甚至数百万年的时间。除此之外，将水从溶液中慢慢蒸发也会形成晶体，比如食盐和石膏的晶体就是这样形成的。

晶系	晶胞形状	矿物
立方晶系		岩盐
四方晶系		锆石
正交晶系		黄玉
三方晶系		菱锰矿
六方晶系		钒铅矿
单斜晶系		石膏
三斜晶系		蓝晶石

从微小到巨大的晶体

晶体的大小各不相同，有的只有1毫米，有的则非常巨大。在2000年，人们在墨西哥某处地表之下约300米处发现了一个不同寻常的洞穴，并将其命名为"巨型水晶洞"。在洞内，人们发现了一丛丛高大、无色且厚实的透明石膏晶体，这也是一种纯石膏。其中最大的一块透明石膏晶体高约12米，直径约4米，重达55吨。

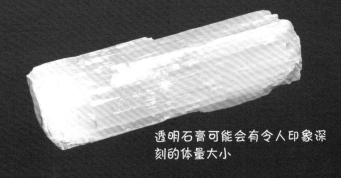

透明石膏可能会有令人印象深刻的体量大小

构成岩石的硅矿物

硅是地壳中含量仅次于氧的第二大元素。它是许多岩石、沙砾、细粒黏土和壤土最重要的构成元素之一。地壳中超过75%物质是由含硅的化合物构成的。当硅元素只与氧元素结合时，会形成二氧化硅（SiO_2）。自然界中的二氧化硅主要以石英和燧石两种形式存在。

坚硬颗粒

石英是一种具有特殊晶体结构的二氧化硅。它的晶体由有序的四面体组成，其中每个硅原子周围都有两个氧原子和两个相邻的硅原子。在晶格空间结构中，这些共价键是如此牢固，以至于即使是一粒石英也十分坚硬，难以击碎。经常会发生的情况是，被破坏和碾碎的岩石中只剩下一簇簇坚硬的石英颗粒。在沙质沙漠、沙丘和沙滩上，这种矿物质的数量很多，可以称得上是石英颗粒的海洋。

石英

纯石英是一种无色透明的矿物。因为这种岩晶至纯至净，在古代被视为珍贵的宝石。

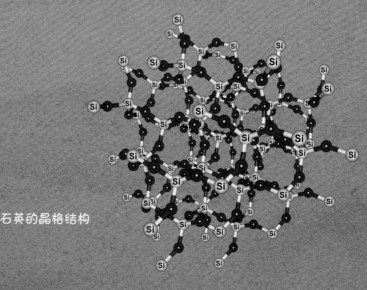

石英的晶格结构

石英的种类

石英有着许多不同的种类，有些可用于制作精美的首饰。元素的微量混合会导致石英颜色的变化。紫水晶是一种紫色石英，其颜色是由存在于晶格中的铁导致的。如果其中含有钛或锰，我们就会看到粉红色的玫瑰石英。如果在放射性矿物附近的地下发现了含有微量铝元素的石英，那么它就会由于辐射而变成茶晶，也被称为墨晶。被称作"虎眼石"的宝石上闪烁着棕黄色的条纹，这是因为石英中含有一种叫作青石棉的矿物纤维。黄水晶也是一种美丽的石英，天然黄水晶极为稀有。

紫水晶

黄水晶

虎眼石

茶晶

玫瑰石英

从玻璃到电子设备

很可能早在公元前3500年左右，美索不达米亚的先民们就知道如何制造玻璃制品。玻璃最重要的生产原料是石英砂，将石英砂与各种添加剂一起在特殊的熔炉中以接近1 500℃的温度熔化，在高温的影响下，石英的晶体结构被破坏，矿物质变成了黏稠的液体，在其重新凝固后就形成了没有有序内部结构的玻璃。

石英是计算机微处理器和许多电子设备中最为重要的成分。如果没有石英表，即石英振动式电子表，我们如今的计时工具将大为不同。

钢的伙伴——铁

早在公元前4000年左右，人类就认识了铁。在公元前1200年左右，铁器时代就开启了，一直延续至今。从回形针到汽车，再到摩天大厦，铁几乎无处不在。

铁及其化合物

纯铁呈灰色，但这种形态的铁在自然界中极为罕见。

铁通常与氧结合形成化合物。赤铁矿就是这样一种矿物，它呈浅红色至深红色。

褐铁矿是另一种铁氧化合物，呈深褐色。磁铁矿则具有黑色金属光泽。黄铁矿是一种由铁和硫结合形成的矿物，呈淡黄色。

赤铁矿

褐铁矿

磁铁矿

黄铁矿

来自海洋的铁

绝大多数的铁矿床都是很久以前在海洋底部形成的。大约在25亿年前，第一批能够进行光合作用的生物（如蓝藻等）产生氧气时，巨大的铁矿床开始形成。氧这种活性元素开始从水中捕捉铁，结合形成铁氧化物，沉入海洋底部。随着时间的推移，它们被一层层沉积物所覆盖，经过数十亿年后，由于地壳运动，它们在许多地方与大陆一起上升，高出了海平面。这就是为什么尽管铁的最大矿藏是在海洋底部形成的，但现在却在陆地上的矿井中进行开采。

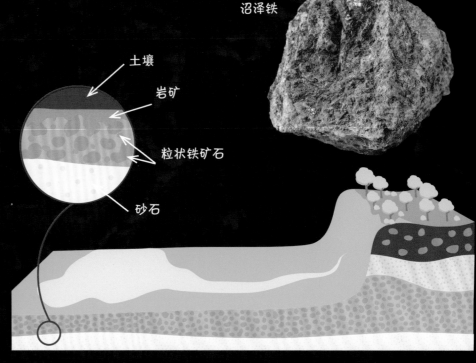

沼泽铁

遍布铁的草甸

　　铁还存在于周期性泛滥和干涸的河漫滩、湿草甸以及沼泽的沉积物中。流水中含有从上游冲刷下来的矿物质，其中也包括铁，这些矿物质浸入土壤后形成了所谓的沼泽铁。在许多冲积平原上，只需揭开表层土壤，就能在20~30厘米深处看到一层薄薄的黑褐色物质，其形态就像磨碎的咖啡一样，其中的矿物铁含量高达30%~40%。

土壤
岩矿
粒状铁矿石
砂石

埋藏在土壤下的沼泽铁

"铁"质建筑

　　以前，沼泽铁矿石是获得金属铁的原材料。铁在锻铁炉中进行冶炼，由此获得的铁被用来制造普通工具和战争武器，如斧头、剑和骑士盔甲等。接着，经过烧制加工的沼泽铁矿石被用来制作砖块，这些砖块是建造房屋和城堡的理想材料。今天，许多这样的"铁"质建筑依然存在，尽管它们已经有数百年的历史。建于13世纪的尼维斯卡教堂和涅博鲁夫附近阿尔卡迪亚公园中的18世纪建筑就是其中之一。

阿尔卡迪亚公园墙体中的
沼泽铁矿石

升级版的铁

　　如今，我们使用的是升级版的铁，即钢，它是铁与少量碳（约2%）的合金。铁主要来自赤铁矿和磁铁矿的矿藏，经开采后在温度约为1 500℃的特殊熔炉中熔化。

炼钢

闪亮的镜子——银

早在公元前3000年左右，银在古埃及和美索不达米亚就已为人所知。它被称为黄金的小兄弟，事实上这两种金属早在同一历史时期就已被人类使用。在16世纪，当殖民者们意识到新发现的南美洲地区，尤其是玻利维亚、秘鲁和墨西哥蕴藏着大量银矿时，白银开始大放异彩。从那时起一直到18世纪，世界上大约90%的商业用银都来自这些地区。

银矿

含银矿物

在自然界中，银作为一种纯元素，即所谓的银块，以岩石中的小颗粒的形式存在，且极为罕见。这种贵金属通常存在于银与其他元素结合形成的矿物中。含银矿物约有40种，其中尤以辉银矿（Ag_2S）、溴银矿（$AgBr$）、角闪石（$AgCl$）和淡红银矿（Ag_3AsS_3）最为珍贵。其中最有价值的是纯银含量约为87%的辉银矿。银矿物经常作为次要混合物出现在铜、铁和锌矿床中。

银

银是一种珍贵稀有的贵金属，呈灰色，有时甚至会泛着黑色的镜面光泽。

辉银矿

银矿床

银矿床形成于大陆表层之下以及火山和热液区域的洋底之下。在大多数情况下，这些地区是大型岩石圈板块之间的接触碰撞区域。在这些地区，水渗入岩石裂缝，首先与滚烫的岩浆接触并被加热到400℃，然后溶解和析出地壳中的各种矿物质。沸腾的矿物质流体就是这样形成的，它通过裂缝渗透到更深的地方。在这里，一旦遇到较低的温度，它就会迅速冷却。其中所含的物质会沉淀并堆积在岩石裂缝中，形成包括银在内的多种矿物质沉积。

银币

银能给我们带来什么？

纯银相当柔软，因此需要与其他金属进行融合。加入铜后，银就变成了一种坚硬的材料，可以用来制作引人注目的首饰、硬币、奖牌、餐具和烛台等。银与钯或铂的合金在牙科中也有广泛应用。先进的天文望远镜的镜面也镀有一层薄薄的纯银。利用其出色的反射功能，科学家们可以看到距离地球数百万光年之外的星系。用碘化银喷射云层，即通过所谓的"播云"，可以人工降雨。通过这种方式，可以增加干旱地区的降雨量。

如烈日般闪耀——金

从古至今，黄金都给人们带来了巨大的惊喜。最古老的黄金首饰之一可以追溯到公元前3000年的美索不达米亚。这种贵金属如烈日般闪耀，至今仍是皇权的代表，也是财富和奢华的象征。

含金矿物

金通常与黄铁矿或砷黄铁矿等金属矿石相伴而生。金与银一样，沉积于火山和热液区域，也存在于海洋中，但却高度分散。如果要从地球上的海洋中提取全部黄金，那么世界上每个人都可以获得约4千克的纯金。

金

纯金呈淡黄色，具有明显的金属光泽。它通常以块状、鳞片状或薄片状出现在坚硬的岩石和含沙的河流沉积物中。

砷黄铁矿

淘金热

"淘金热"这个词语用来描述想要致富的人大量涌入金矿发现地区的现象。这类事件主要发生在19世纪,当时人们发现北美洲西部,尤其是加利福尼亚州有大量含金矿藏。1896年,加拿大克朗代克河爆发淘金热,两年内涌现出近3万名渴望暴富的淘金者。为了找到梦寐以求的黄金,他们每天都要用筛子辛辛苦苦地洗涤淤泥,找出天然金沙。

20世纪初克朗代克河上的淘金者

淘金者用水洗去淤泥,以便找出金沙

21

埃尔多拉多的传说

16世纪,西班牙殖民者创造了一个关于黄金的传说—埃尔多拉多。埃尔多拉多这个名字来自西班牙语,意思是"被黄金迷住的人"。传说的起源是一个印第安部落的神秘仪式。在一次政权交替的仪式上,新酋长脱掉衣服,涂上树脂,洒上金粉。然后,闪闪发光的新酋长和他的随从会乘船到深邃的瓜塔维塔湖(现位于哥伦比亚)中央,向湖中的神灵投掷珍贵的珠宝礼物。

事实上,西班牙殖民者从未真正见过这种仪式,这种仪式只是个传说。不过,为了从欧洲统治者那里获得钱财,用于支付他们耗资巨大的探险,他们因此就散布了有关隐藏在丛林深处的富饶之地"埃尔多拉多"的消息。

黄金能给我们带来什么?

黄金是用于制造珠宝、硬币和许多贵重物品的原材料。黄金还被用来制作电脑、电话以及太空望远镜和卫星的部件。

黄金很多时候是在矿井中被开采出来的。
图为澳大利亚超级露天金矿

珍贵的晶体

自古以来，人类就把最美丽、最珍贵的矿物称为宝石，并对此情有独钟。研究珠宝玉石的学科是地质学的一个分支，称为宝石学。

蓝宝石

宝石的硬度

每种矿物都有自己的硬度，其硬度是根据莫氏硬度（从1到10）衡量的，以下所列矿物括号中为其莫氏硬度。最珍贵也是最坚硬的钻石（10），它由密密麻麻的碳原子构成。其他有价值的矿物也有自己独特的成分和硬度。蓝宝石（9）和红宝石（9）是氧化铝的一种物相——刚玉。祖母绿（8）、黄玉（8）、摩根石（8）和坦桑石（7）属于硅酸盐，即在它们的结构中主要是硅原子和氧原子。

蓝宝石和红宝石

根据观察角度的不同，蓝宝石晶体会闪烁出深浅不一的蓝色，让人联想到天空变幻的色彩。这种美丽的颜色是由晶格中微量的钛和铁元素造成的。红宝石晶格中含有微量的铬，使其呈现红色。通常，蓝宝石和红宝石这两种矿物出现在相同的地方，但红宝石更为罕见；因此，经过适度抛光的红宝石不仅比蓝宝石更昂贵，有时甚至比钻石更为珍贵。

红宝石

祖母绿

祖母绿具有非常美丽的绿色，这是因为其晶体结构中含有微量的铬或钒。祖母绿晶体可以达到相当大的质量。在17世纪，神圣罗马帝国皇帝斐迪南三世曾将一块重达0.5千克的镶金祖母绿方瓶作为精油瓶来使用。

祖母绿

黄玉

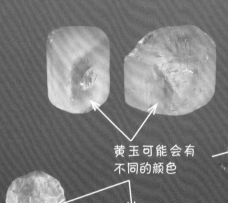

纯净的黄玉是透明的，而其内部各种元素的混合会产生从蓝色、绿色、黄色、红色到红褐色的各种颜色。黄玉的重量可达几千克。其中令人印象最为深刻的是一个重达4.5千克的样本，名为"美国金黄玉"，可以在华盛顿特区的自然历史博物馆里看到。

黄玉可能会有不同的颜色

黄玉

坦桑石

坦桑石的颜色呈蓝紫色，这是因为其中含有少量的钒元素。坦桑石的名字来源于乞力马扎罗山附近的坦桑尼亚，那里是世界上唯一开采坦桑石的地方。它的晶体是所有已知矿物中最为稀有的。

坦桑石

摩根石

摩根石是一种泛着光芒的淡粉色宝石，它的颜色源自其晶体结构中的锰元素，在20世纪初，这种矿物因纪念美国金融家和矿物收藏家约翰·皮尔庞特·摩根而得名。

摩根石

价值连城的矿物
——钻石

钻石是地球上最坚硬的天然物质。自古以来，它一直是人类向往的矿物，因此其美丽的晶体总是价格惊人。钻石常用来制作结婚戒指，由于其晶体的特性，它象征着持久的爱情以及坚不可摧的关系。

钻石的诞生

钻石诞生于岩浆，在地表以下约150千米处形成。在那里，强大压力和超过1 000℃的温度使得岩浆中的碳原子开始结合在一起。为了形成坚硬的金刚石结构，岩浆必须上升到更浅的地方，并以最多几个小时的适当时间冷却下来。这样，碳原子最后才能牢固地结合成晶格，形成极其坚硬的钻石。这就是为什么在死火山和岩浆凝固的地方最容易发现钻石。

钻石

钻石是碳原子最为纯净的结晶形式。它通常是无色或白色的，而黄色、粉色、蓝色、绿色、红色甚至黑色的钻石则更为罕见。

在这种被称为金佰利岩的黑色岩石中发现了钻石

克拉

克拉是宝石的重量单位。1克拉等于200毫克，即0.2克。该名称源自阿拉伯语或希腊语，意思是地中海常见树木长角豆的种子。在中世纪，长角豆的椭圆形细小种子在计量微小宝石的价值时起到了称重作用。

经过打磨和抛光的钻石——明亮式切割钻石

钻石和明亮式切割钻石

钻石和明亮式切割钻石的区别在于前者是天然开采出来的，后者是切割打磨出来的。钻石的表面光泽适中，在经过适当的处理和抛光后，就能获得美化后的钻石，即明亮式切割钻石。通常情况下，明亮式切割钻石的外观像一个圆锥体，有许多截断的平面，闪闪发光，令人着迷。因此，明亮式切割钻石要比普通的钻石珍贵许多。

自由寻找宝石

在美国阿肯色州的默夫里斯伯勒镇，有一座钻石陨石坑州立公园。这是世界上唯一一个只需支付少量费用，任何人都可以独自寻找珍贵宝石的地方。这里有15公顷松软的火山土壤。你可以用铲子和筛子尽情挖掘，找到的东西就是你的。虽然大多数人只能找到一些有价值的小晶体，但也有一些人很幸运，摇身一变，成为富人。2015年，一位游客发现了一颗重约1.5克的钻石，经过加工和抛光后，它的价值将近100万美元！

寻找钻石的工具

在钻石陨石坑州立公园，每个人都可以自由寻找昂贵的钻石

比黄金更昂贵——玉

玉是一种已有数千年历史的宝石，它的名称在西班牙语中，意为"坠在腰间的石头"。这是因为在过去，人们认为佩戴玉石可以治疗某些疾病。无论是过去还是现在，这种美丽的石头都被用于制作项链、珠串、手镯和戒指等首饰。

玉

玉是一种坚硬的矿物，纯净无杂质，呈白色，然而，这种玉非常罕见。更为常见的玉石中会含有影响其颜色的微量元素，因此，玉石的颜色多种多样。最常见的是绿色，这是由铬的存在造成的。此外，当玉石中含有铁元素时，颜色会呈现红色；当玉石中含有锰元素时，颜色会呈现粉红色；当玉石中含有钛元素时，颜色会呈现蓝色。

玉斧

玉石相当坚硬，不易损坏和碎裂，但在适当切开后会形成锋利的刃口，因此，美洲中部、东亚和印度尼西亚群岛的人们会用玉来制作斧、刀、矛头和箭头。

在地下诞生

　　玉通常形成于地球大板块的碰撞区。在这些地区，岩层之间相互挤压、相互碰撞。随着时间的推移，其中一个板块滑到了另一个板块下面。它仍然试图上升到地表，虽然它被迫向地球中心移动，但它依旧从下面强烈地摩擦着压在它上方的板块。在相互摩擦的过程中，岩石首先升温，然后"流出"各种矿物质。随着时间的推移，其中一些物质相互结合并凝固，形成坚硬的玉石原石。玉石诞生的最佳地点是距地表20~120千米深处，那里有来自上覆岩层的巨大压力和250~600℃的温度。

中国的多彩玉饰

玉碗

无价之宝——玉石

　　在古代的印加文明、玛雅文明和阿兹特克文明中，玉石是一种令人梦寐以求的宝物，因此，玉石是权力和声望的象征，只有富有的贵族才会佩戴玉饰。当阿兹特克统治者蒙特祖玛得知西班牙殖民者只想要黄金而不想要玉器时，他感到非常高兴。这种非凡的玉石对亚洲人来说从古至今都万分珍贵。中国有句俗话说："黄金有价玉无价。"玉石中最稀有、珍贵的品种之一是帝王玉。在亚洲，顶级玉石会拍出令人震惊的价格，不仅高于黄金，也高于钻石。

发光的矿物

在地球上的5 000多种矿物中，约有800种具有不同寻常的发光能力，即所谓的光致发光。这种现象是指矿物能够吸收一些电磁能量，然后以光的形式发射出来。当矿物暴露在紫外线（UV）照射下时，就会产生光致发光现象。当暴露在紫外线下时，许多晶体开始呈现美丽的、令人着迷的柔和色彩。它们的各种色调成了它们的特征，和它们的名字类似，使得地质学家们更容易辨认出各种矿物。

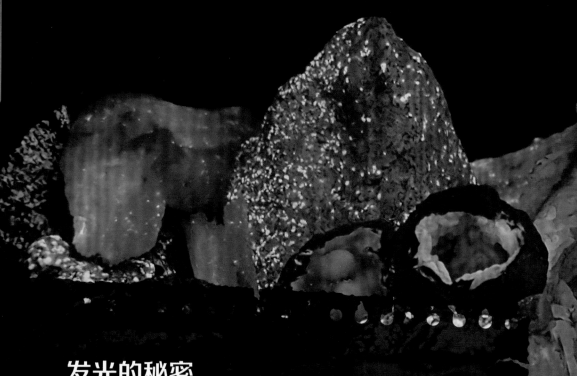

不同的矿物在紫外线照射下发光

发光的秘密

矿物要在紫外线下闪闪发光，必须含有微量杂质。这些杂质是镶嵌在晶体中的各种元素的原子。最常见的有钨、钼、铁、硼、钛、锰和铬。这些肉眼看不见的添加物被称为活化剂。一般来说，矿物晶体中的活化剂就像微型灯泡，当它们与紫外线形式的能量接触时，就会立即发光。由于每种矿物都有自己独特的活化剂，因此发出的光也各不相同，比如一些会发出红光，一些会发出蓝光，还有一些会发出绿光。

绚丽的色彩

矿物的颜色不仅取决于其中的活化剂，还取决于紫外线的波长。以方解石为例，虽然方解石在日光下呈乳白色，但如果它含有锰活化剂，在波长为254纳米（一纳米为十亿分之一米）的紫外线照射下就会变成蓝色。当波长为330纳米时，它会变成黄色，而波长为365纳米时，它会变成粉红色。相比之下，白云岩虽然看起来与方解石类似，但在波长254纳米的紫外线照射下会呈红色。同样，当波长为254纳米时，亮白石膏会呈亮蓝色，波长为365纳米时，它会变成黄色。除此之外，亮黄色宝石、黄玉在356纳米波长下会呈现红色。

发光的方解石、萤石和玻璃质蛋白石

实地勘探

许多矿物在普通阳光下看起来都差不多，因此在野外区分它们非常困难。这就是地质学家在勘探时经常携带便携式紫外线灯的原因。他们会用紫外线灯近距离照射岩石，仔细观察那些能显示矿物特征的柔和色彩。借助紫外线的光芒，地质学家就能很容易辨认出这些矿物，并且判断他们寻到的这块晶体是否特别珍贵。

日光下的方解石（左下图）和紫外线照射下的同一块方解石（右下图）

矿场

自古以来，人类一直在利用矿藏资源。其中许多矿藏是通过剥离地表更深层的矿层从而开采出来的，这种采矿场被称为露天矿。每天有成千上万的人在那里辛勤工作，开采出珍贵的宝石和金属矿石。

在工业中，矿石是一种岩石或矿物，经过加工可以从中获得有价值的金属。

人类如何开采矿石？

金属矿石主要通过爆破开采，即在岩石上预先钻好孔洞，其中插入炸药，炸药引爆后，岩石被撕裂成数百万块碎石，用卡车运往冶炼厂。在那里，矿石在热炉中进行冶炼以获得铁、铜等金属。

巨大的矿井

在智利的卡拉马市附近，有一个巨大的丘基卡马塔露天铜矿，它有一个宽4千米、长3千米、深900米的巨大矿坑，可能是世界上最大的露天铜矿。每天都有大型翻斗车将数吨包含贵金属的矿石从坑底运到地面。

丘基卡马塔露天铜矿

达奇纳亚和平号钻石矿洞

钻石矿洞

在俄罗斯的乌达奇纳亚附近有一个世界上产量最大的钻石矿，俄语名为Trubka Udachnaja——乌达奇纳亚和平号钻石矿洞。这个名字完美地描述了矿坑的外观，它看起来就像一个巨大的号角，埋在地下，向上延伸。它的大小令人印象深刻，宽约1千米，长约1.5千米，深约600米。

人工挖矿

南非以钻石开采闻名于世。在金伯利市附近有一个现已废弃的钻石矿，它的直径约400米，深240米。从上面看，整个结构就像用巨大的圆形钻头钻出的一个深洞。它的创造者并不是神话传说中的巨人，而是矿工。这座与众不同的矿井可能是世界上最大的人工矿井之一，它是人类在没有机器帮助的情况下手工挖掘而成的。

沙漠中的金矿

乌兹别克斯坦的克孜勒库姆沙漠中有一座巨大的金矿，是目前世界上出产黄金最多的地方。这个庞然大物长3.5千米，宽2.5千米，深600米。由于该矿仍在开采，其规模还在不断扩大。

地处澳大利亚的超级露天金矿

南非人工挖掘的钻石矿

岩石循环

　　自然界中许多有生命和无生命的物质都在不断地循环，这种循环形成一个闭环，岩石就是如此，它的循环已经持续了数十亿年。由一种岩石不断转化成另一种岩石，地质学家称这种现象为岩石循环。

岩石转化

　　岩石是构成地壳的主要物质。岩石可分为三种类型：岩浆岩、沉积岩和变质岩，它们是岩石循环的参与者。一般来说，一种岩石在强大力量的作用下可以转化成另一种岩石，然后转化成第三种岩石，最后又变成第一种岩石。此外，在一个循环中，岩石的转化可以以不同的组合方式发生，因此很难推测这一切的起点是哪里。岩石的转化需要时间，一般需要数百万年。我们手中的每一块岩石在若干年前可能未必是如今的样子。

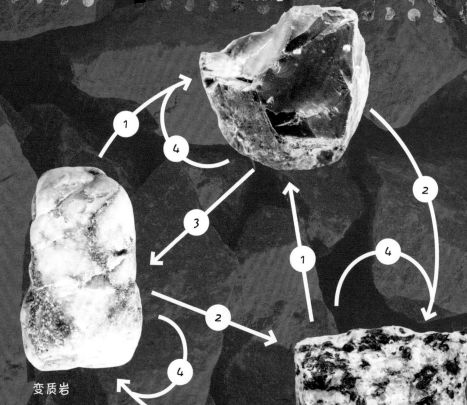

沉积岩

变质岩

岩浆岩

岩石转化示意图：

1. 风化、移动和沉积
2. 熔化和冷却
3. 温度和压力的增加
4. 同一大类岩石中的不同小类之间，由于时间和地质条件发生变化而互相转化

无尽的变化

假设一个循环的开始是一块躺在地表的岩浆岩，在风、水和温度变化的作用下，它开始碎裂。随着时间的推移，这些碎屑会分解成既小又轻的颗粒，很容易被微风和流水带到新的地方。很多时候，这些颗粒最终会流入海洋，沉入海底，形成一层薄薄的沉积物。随着沉积物的增多，下层受到的压力也会增加。最终，被挤压的颗粒会开始融合在一起，形成坚硬的沉积岩。如果被压得足够深，来自地球内部的高温和底层的压力会将其转化为变质岩。

岩石组合

岩石转化并不总是按照岩浆岩到沉积岩再到变质岩的顺序进行。任何循环组合都有可能发生。这完全取决于影响岩石转化的因素。如果沉积岩位于地下温度很高的地区，它就会转化为高温岩浆，而不会转化为变质岩。如果变质岩因构造运动而浮出地表，则会随着时间的推移而遭到破坏，再经过漫长的时间，破碎和沉积的颗粒就会形成沉积岩。

沉积岩和变质岩都可以由玄武岩等岩浆岩形成，这完全取决于它所受到的影响因素

变质岩，如图片中的大理岩，在浮出地表时会逐渐被侵蚀

砂岩，是一种沉积岩，由于风化作用会被分解成沙粒，即松散的沉积岩

岩浆岩

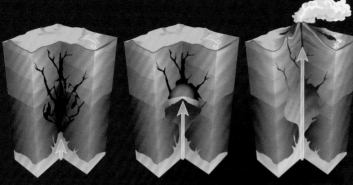

火山爆发的一系列连续反应

岩浆岩形成于地表之下,由岩石之间的滚烫岩浆冷却而成,岩浆岩也可形成于地表,由灼热的熔岩凝固而成。

火山喷发

岩浆还是熔岩?

在地质学中,岩浆不同于熔岩。岩浆是熔融矿物和气体(如水蒸气、碳和硫的氧化物、硫化氢和甲烷)的液态混合物。岩浆在地球深处沉积或运动。如果岩浆上升到地表,这种流动的和发光的"泥浆"就被称为熔岩。熔岩从一个地方源源不断地喷涌而出,然后随着时间的推移逐渐凝固,在陆地上形成火山锥。

岩浆岩的诞生

岩浆岩由液态灼热的岩浆形成,其温度为700~1 200℃。岩浆在坚硬的地壳下湍流不息,就像锅盖下的热蒸汽一样。众所周知,只要锅盖稍稍滑落,即使是很小的缝隙,也会立即冒出一团云雾状的蒸汽。岩浆也是如此,岩浆会急速涌入巨大的岩石盖(即岩石圈板块)交界处的裂缝中。在这些地方,岩浆逐渐向地表靠近,并经常涌向地表,这就是我们看到的火山喷发。随着时间的推移,液态熔岩冷却后形成厚厚的泥浆,最终变成坚硬、深色的岩浆岩。

熔岩是从地球内部上升到地表的灼热的大块物质

主要的岩石

岩浆岩分为两大类。如果炽热的岩浆在地表或地下浅层冷却凝固，形成的岩石就称为火山岩或喷出岩。这些岩石包括玄武岩、黑曜岩和浮岩。岩浆只有在世界上的某些地方才能到达这样的高度。通常情况下，岩浆在地球深处流动，途中会在许多地方遇到坚硬岩石的阻力，岩浆会停在那里，在地下洞穴中冷却凝固，形成另一类岩浆岩——侵入岩或深成岩。其中最为常见的是花岗岩。

玄武岩、黑曜岩和浮岩都属于岩浆岩中的火山岩

火山锥由喷发的岩浆岩形成

35

奇异的岩石构造

地表下凝固的岩浆经常会形成非常奇特的外观结构。岩磐看起来像大蘑菇，而岩盖则像是放在长棍上的面包。此外，还有巨型烟囱、静脉和晶状体等其他形态。

大大小小的岩浆结晶

岩浆岩的大小取决于周围岩层的压力强度和岩浆的凝固速度。冷却速度越慢，形成的矿物结晶就越大。这就是为什么在地表下缓慢凝固的侵入岩由大小超过1毫米的矿物组成。

另一方面，火山岩是由岩浆快速冷却形成的。这一过程导致包括玄武岩在内的矿物结晶的直径小于1毫米，因此这种岩石只能在强力放大镜下才能看到。

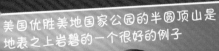

美国优胜美地国家公园的半圆顶山是地表之上岩磐的一个很好的例子

在花岗岩这类侵入岩中，很容易能观察到不同颜色的大颗粒矿物结晶

粒状岩石——花岗岩

花岗岩是一种经常会在地壳中被发现的岩浆岩。各大洲的地核主要是由花岗岩构成的，它是厚达数千米的巨大岩石地基。花岗岩的特点是坚硬无比、亘古不变且外观优雅，是一种对人类而言实用性很强的石头。

花岗岩

花岗岩看起来就像是由坚硬的、五颜六色的颗粒堆积而成。这些颗粒是肉眼可见的细粒和粗粒结晶矿物，组合排列形成了非常醒目的图案。这些颗粒杂乱无章，看不出它们的排列有任何规律。这些矿物紧密地填充着岩石，没有留下任何空隙。在花岗岩里，最常见的是白色、灰色、红色、黑色和绿色矿物。

花岗岩的诞生

在地壳之下，受热的岩浆不断运动，似乎在寻找离开地球深处的道路。当它发现裂缝的薄弱点时，就会开始向裂缝挤压，并向较冷的地表靠近。在大多数情况下，岩浆无法逃逸，因此停留在地表以下数千米处。岩浆在岩石的阻拦下挣扎，最终在岩石之间慢慢凝固，形成坚硬且相当耐磨的花岗岩。

澳大利亚由花岗岩构成的水牛山

澳大利亚波浪岩

极为庞大的花岗岩

花岗岩是许多山丘和山脉的主要组成部分。喜马拉雅山脉第二高峰、世界第三高峰干城章嘉峰（海拔8 586米）就是由花岗岩构成的。

花岗岩有一种特别迷人的天然形态——澳大利亚的波浪岩像一种条纹状的岩石波浪。它的外形酷似被冰冻住的海浪，高15米，长110米。它的黄、红、灰三色条纹是在降雨过程中各种矿物质（主要是铁化合物）冲刷形成的。

另一块有趣的花岗岩在美国的拉什莫尔山。在山顶上，雕刻着四位杰出的美国前总统的头像，高为18米。半身雕像的铸造历时14年（1927—1941年），几百名工人和雕刻师参与工作，他们使用了炸药、坚固的锤子和一系列重型设备。

美国拉什莫尔山

花岗岩能给我们带来什么？

较大的碎块可以用于制作铺路砖和人行道路缘石，而较小的碎块则可用作广场和道路的地基。大块花岗岩用于建造桥梁和房屋的支柱，或用来装饰花园、起居室和办公室。

比平底锅性能更好

花岗岩具有均匀散热的功能，因此在滚烫的花岗岩板上烹制的比萨或牛排总是烤得恰到好处。

西班牙塞戈维亚的古罗马高架引水桥就是用花岗岩砌块建成的

深色硬石——玄武岩

玄武岩由靠近地表的液态滚烫岩浆凝固而成，这主要发生在地壳较薄或断裂的地方。在这些地方，浑浊的岩浆往往会大量涌出，一层一层地接连凝固起来。这样，海底就形成了水下山脊，陆地上则形成了火山锥。

玄武岩是整个大洋底部的基础构造岩石。此外，海洋中的成千上万座岛屿都是由死火山（即玄武岩锥）构成的。

这些凝固形式奇特的玄武岩被称为结壳熔岩

玄武岩

玄武岩是一种非常坚硬的石头。玄武岩一般呈黑色、灰黑色或青黑色。玄武岩结构紧密，因此通常比同等大小的其他石头更重。

玄武岩能给我们带来什么？

玄武岩是一种非常坚硬的岩石，具有极强的耐磨性、抗压性和抗冲击性，因此，它是制作桌面和窗台的绝佳材料。玄武岩还可用于制作铺设楼梯、地板和壁炉的砖块。

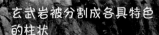

结壳熔岩

在一些活火山的山脚下，可以发现一些造型奇特的玄武岩，它们像人的发辫、压缩扭曲的草芽、缠绕的树根或者起伏的海面，这就是结壳熔岩，它是在高温熔岩流在逐渐凝固的过程中形成的。其形成过程如下：在空气中，熔岩的表面迅速冷却，出现一层薄薄的玻璃状包膜，然而在其下方，炽热的熔岩流沿着火山斜坡进一步向下流动，导致冷却的外层包膜的拉伸和皱缩，随着时间的推移，所有熔岩都冷却到足以变成形状特异的坚硬岩石。在夏威夷和冰岛的火山周围，这种奇异的熔岩构造尤其之多。

玄武岩柱的横截面形状几乎都是规则的多边形

39

不同寻常的"建筑"

在世界许多地方，都能够发现一些巨大的、十几米高的石头景观，它们看起来就像是用均匀凿成的石块搭建而成的。然而这些看起来庞大壮观的"建筑"并非人为搭建，而是数百万年前由火山"建造"的。炽热的熔岩顺着火山锥的斜坡流下，随着时间的推移，温度会降得越来越低，因此，逐渐凝固的岩层先是收缩，然后彼此分离。这样就形成了并排堆积的玄武岩块。苏格兰的斯塔法岛和美国的魔鬼塔就是其中的代表。

苏格兰斯塔法岛上的玄武岩

美国的魔鬼塔

火山玻璃岩 ——黑曜岩

黑曜岩是一种火山玻璃岩，由火山熔岩流出的岩浆突然冷却后形成。在这个过程中，岩浆中的元素原子来不及在晶格中正确排列成较大的矿物颗粒，导致黑曜岩的结构就像一块光滑的深色玻璃。这种火山岩也被称为火山釉或天然玻璃。

这种火山岩分布在世界各地的活火山周围

黑曜岩

黑曜岩最常见的颜色是乌鸦黑、棕色或墨绿色。红色、黄色、橙色或其他颜色的黑曜岩相对少见。

黑曜岩带给我们什么？

黑曜岩玻璃般的美感使其在制作引人注目的雕像时颇受欢迎，而将其镶嵌在金银中制成项链、吊坠和耳环，则会让佩戴者变得魅力非凡。

锋利的工具

在前哥伦布时期，美洲中部的印第安人一般不会大规模地使用锋利的金属工具。对他们而言，黑曜岩是主要的材料，虽然相当坚硬，但在劈开后会产生锋利的边缘。因此，刀、矛头、标枪和箭头都可用黑曜岩制成。将一块块黑曜岩排成一排插在木棍上，就形成了一种非常危险的武器——阿兹特克黑曜岩锯剑。

印第安人用这种黑色岩石制作各种各样的物品，如各种神像、祭祀面具和珠宝。对他们来说，黑曜岩是非常有价值的贸易商品。黑曜岩的开采地和运输目的地通常距离数千千米

夏威夷火山女神佩勒的眼泪和头发

有一种黑曜岩奇观被称作"佩勒之泪"和"佩勒之发"。这些名字来源于佩勒女神，根据夏威夷古老的信仰，佩勒女神是火山、火焰和闪电的守护神。这些黑曜岩杰作是火山以巨大的力量喷发的气冷熔岩形成的。熔岩的液体碎片在空中飞行的速度决定了其形成的是眼泪还是头发。如果它们的移动速度不是很快，就会形成眼泪状的块状物，其中大部分落在火山附近。当熔岩在空中高速飞行时，首先会拉伸，然后分裂，最后凝固成长达2米、直径为1毫米的"发丝"。这些"发丝"非常轻，风可以轻易地将它们吹到离火山几十千米远的地方。这些"头发"通常在树木、天线或者电线杆上结束旅程，当它们冷却凝固成黑曜岩时，看起来就像是覆盖了一层细细的深色干草。

佩勒女神的眼泪和头发

能在水中浮起的石头
——浮岩

浮岩是一种火山岩，由快速冷却的熔岩形成，结构中含有大量气孔。早在古代，人们就知道如何使用浮岩。希腊人和罗马人将浮岩碾碎，与水、沙子和石灰混合，以此制成一种强度相当高的建筑材料。

希腊圣托里尼火山岛的部分山脉由红色浮岩构成

浮岩

浮岩具有玻璃质地，颜色通常较浅，以白色、黄色、灰色和棕色为主。岩石中存在孔隙，这是浮岩在形成过程中不可避免的结果。浮岩结构中的许多孔隙使其质量变得非常轻。

浮岩的孔隙是如何形成的？

当作用在汽水上的压力降低——即打开瓶盖时，气泡就会在饮料中形成。与此类似当岩浆上升到地表时，由于地表压力低于地球深处，溶解的气体（主要是硫化氢、氯化氢、甲烷、硫氧化物和氨气）会以气泡的形式释放出来。从炎热的熔岩中逸散出的大量气体使其看起来像一个膨胀鼓起的酵母饼，气泡在其表面破裂。它们的薄壁很快凝固起来，形成浮岩特有的孔隙。

浮岩能给我们带来什么？

如今，浮岩因其气孔多而成为制造隔热板和轻质混凝土的重要材料。它还可用于化妆品中。

浮岩上有许多小孔

漂浮的浮岩筏

浮岩是一种与众不同的岩石，由于有气孔，它可以漂浮在水面上。尤其是在水下喷发的海底火山，会释放出大量熔岩气泡。这些熔岩在喷发后会在水面上凝固，形成网球大小的岩块。这些浮岩往往数量众多，会形成巨大的浮岩筏。2012年，在新西兰海岸附近出现了一个长480千米、宽50千米、厚0.5米的巨型浮岩筏。许多生物，尤其是甲壳类生物，会附着在浮岩筏上，随着浮岩筏漂流数千千米。坚固的浮岩筏漂浮在海面上，形成一道难以逾越的屏障，迫使船只绕着它航行。一般来说，一些浮岩块会在海洋中漂流几年后会碎裂，还有一些浮岩块会像海绵一样在吸水后沉入海底。

俄罗斯的勘察加半岛有一条由白色浮岩构成的峡谷，被称作"白色浮岩悬崖"

由火山喷发物构成的岩石 ——火山凝灰岩

火山凝灰岩是一种结构相当紧凑的岩石，主要由火山爆发喷出的碎屑组成，它可能是一次或多次连续火山喷发形成的。这种岩石可以被切割成小块，因此，火山凝灰岩是古罗马人常用的珍贵的建筑材料。在罗马这座城市中，许多建筑都是用火山凝灰岩建造的，这些建筑至今仍令人叹为观止。

44

火山凝灰岩矿床

火山凝灰岩的碎片

火山凝灰岩

火山凝灰岩的颜色主要取决于火山喷出物质的成分。一般来说，火山凝灰岩的主要颜色是粉红色、灰色、深绿色、棕色和黑色。

火山凝灰岩的诞生

火山喷发时，会向空中抛出大量火山灰、小卵石（即鹅卵石）和大的火山弹。体积较大的火山弹在空中飞行时间不长，会降落在离火山不远的地方，形成第一层火山灰。随后的火山爆发会使这一层的厚度和质量增加，从而使较低的沉积物被压实成更坚硬的结构。随着时间的推移，火山凝灰岩沉积层逐渐形成，通常以环状包围火山锥。在靠近火山锥的地方，形成的岩石厚度最大，可达几百米。相比之下，距离火山锥越远的地方岩层越薄。

古代的建筑材料

古罗马人用切割好的火山凝灰岩块建造了庄严的房屋、美丽的寺庙以及坚固耐用的桥梁和防御墙。此外，他们还是第一个大规模使用改良砖石粘结剂——罗马混凝土的国家。在水、石灰和砾石的混合物中加入少量火山灰，干燥后就会形成坚固的混凝土。这在当时是一种极好的建筑材料，而且比现在的混凝土更轻。火山灰是其中最为重要的成分，因其在意大利城市波佐利附近有大量的矿藏，也被叫作波佐利水泥。早在公元前3世纪，人们就利用火山灰成功地建造了混凝土防御工事，将岩石、火山凝灰岩和黏土块永久地粘结在一起。随着古罗马的灭亡，罗马混凝土被遗忘了很长时间，直到18世纪才以水泥和混凝土的形式出现。

波兰的火山凝灰岩

可能令人难以置信，但在数百万年前，波兰南部就有火山喷发。在苏台德山脉和克拉科夫琴斯托霍瓦高原的火山岩中可以找到火山喷发的证据。尤其有趣的是在菲利波维采发现了的一种火山凝灰岩。它们从覆满青草的土地上露出来，显示出岩石的红粉色，其上还有明暗交替的斑点。

火山凝灰岩砖块建造的城墙

罗马万神殿

用罗马混凝土建造的万神殿圆形穹顶

土耳其的卡帕多西亚是由火山凝灰岩开凿而出的城市

沉积岩

与在炎热的环境中诞生的岩浆岩和变质岩相比,沉积岩形成于较冷的环境中。沉积岩常见于地表,因此想要观察其形成的各个阶段并不困难。

沉积岩的诞生

沉积岩是由其他岩石风化侵蚀而成(比如碎屑岩),或由各种物质的水溶液沉淀而成(比如化学沉积岩),或由动植物的组成部分形成(有机岩)。沉积岩的形成过程一般需要数千年甚至数百万年的时间。

碎屑岩

太阳的炙烤、风的吹拂、流水和生物的影响,都会使得地表上的每一块岩石碎裂成越来越小的碎片。当它们最终变成微小、轻质的颗粒时,就会被风、溪流和河水毫不费力地扬起并带走。这些颗粒的旅途通常会在陆地上的洼地以及湖泊和海洋的底部结束。在这些地方,每一批新的岩屑都会形成连续的水平层。岩屑越多,它们对下面先前堆积的岩屑层施加的压力就会越大。随着时间的推移,在其强大压力的影响之下,它们会被挤压到地表以下3~4千米的地方,那里的温度高达80~120℃。因此,被挤压和被加热的颗粒开始融合在一起。砂岩就是由这样的压缩砂粒形成的。

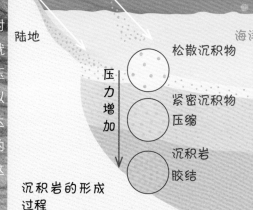

水　风

陆地　海洋

压力增加

松散沉积物

紧密沉积物压缩

沉积岩胶结

沉积岩的形成过程

层状结构

沉积岩特征之一是具有水平的、不同颜色的带状结构,即由不同物质叠加形成的岩层。在通常情况下,下层是最先形成的岩层,也是最古老的岩层,其上则是相继形成的较年轻的岩层。

化学沉积岩

化学沉积岩形成于炎热干燥的气候条件下。在这种条件下，浅海湾和湖泊中的水会完全蒸发，在底部留下沉淀物，这样就形成了岩盐和石膏沉淀。波兰的维利奇卡、克沃达瓦和伊诺弗罗茨瓦夫的盐类矿床是数百万年前干涸的浅海海湾的遗迹。

岩盐矿床

有机岩

数十亿年来，各种动植物在地球上生老病死，其中一些尚未被完全分解，以有机岩的形式留存至今。古代陆生植物留存下来的组织，让我们有了煤。海洋生物留下的痕迹形成了石灰岩，这是一种由珊瑚、双壳动物、蜗牛、甲壳类动物和蜉蝣生物的骨骼形成的岩石。有机岩形成于地下，在上覆岩层的热量和压力作用下，生物遗骸融合形成坚硬的岩石。

煤起源于史前的植物

美国布莱斯峡谷国家公园中的石灰岩

石灰岩中贝壳化石的痕迹

可塑岩——黏土

湿黏土很容易塑造成各种形状

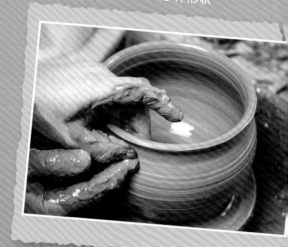

黏土是一种沉积岩,它在地球上广泛存在。自史前时代起,它就是人类使用的一种极其重要的材料。窑中烧制的黏土砖被用来制作砖块,它是古代城市的基本建筑材料之一。即使在今天,许多新房子也是用黏土砖建造的。此外,许多黏土还含有宝贵的微量元素,因此可用于生产具有护肤功效的化妆品。

模制陶罐需要
经过高温烧制

黏土

黏土是由其他岩石风化后产生的极细碎片形成的。其中包括黏土矿物(直径小于0.002毫米)、灰尘(直径为0.002~0.05毫米)和沙粒(直径为0.05~2毫米)。普通黏土中还含有动植物残骸,当然也含有水。所有这些成分都会影响黏土的质地和颜色。黏土一般为灰色、黄色、红色、蓝色、棕色或黑色。

可塑性的秘密

黏土是一种双面性的岩石,它的质地既可以是软的,也可以是硬的。这种神奇特性关键取决于水。水的微观粒子总是试图从四面八方包围每个黏土颗粒。在这种情况下形成的水泡就像橡胶小球一样滚来滚去。因此,黏土易于手工操作,可以用来制作各种物品——杯子、盘子或者小雕像。如果想保持塑形,黏土就必须不能沾水。为此,改进后的产品需要在阳光下晒干或在窑中烘烤。在这个过程中,黏土颗粒会更紧密地结合在一起,形成非常坚固的结构。

刻有文字的古老泥板

也门的希巴姆古城

砖城

也门有一座希巴姆古城,它是世界上最为古老的砖砌大都市之一。因为这里的许多房屋都高达30多米,它也被称为"沙漠中的曼哈顿"。这座城市的基本建筑材料是黏土砖,但这些砖不是在窑中烧制的,而是在阳光下风干的。虽然这座城市仍在不断地重建和改建,但也保留有建于16世纪的房屋。

格但斯克历史悠久的港口起重装置,是由两个圆形砖塔和一个木制起重装置组成

黏土制的U盘

泥板在文字发展过程中发挥了特殊的作用。有趣的是,其长方形或圆形的形状以及保存和擦除信息的方式让人联想到现代的电脑磁盘、光盘和U盘。古代书吏手持削尖的工具,在软泥块上凿出各种印记,从而记录下对他来说重要的信息。如果文字需要修改,他就会揉捏粘土,擦掉部分或全部文字。当他想要记下一些重要内容时,他就会把泥块放进窑中烧制,以这种方式保存文字。通过这种方式,我们可以阅读到公元前3000年苏美尔人最古老的文字。

古朴典雅的建筑材料
——砂岩

砂岩是一种沉积岩，几乎在世界的各个角落都可以找到。从沉积物中提取出来的砂岩的质地通常相当柔软，但在浸水后会变硬。砂岩在地球上大量存在，因此人类从很早以前就开始使用砂岩了。

用砂岩修砌的城墙

砂岩

砂岩由非常细小（直径为0.06~2毫米）的层间矿物组成，其中通常80%~90%都为石英。黏合剂主要是黏土、硅石、石灰岩和铁矿物。砂岩的颜色比较均匀，但有时也能看到明暗交替的条带。砂岩的颜色通常为深浅不一的黄色、米色和红色。其红色主要是由分布在石英砂颗粒之间的铁矿物导致的。

红色巨岩

澳大利亚中部有一块高达348米的红色巨岩，被称为乌鲁鲁巨石或艾尔斯岩石。这块巨石耸立在沙漠中，只有上部的一小部分露出地面，其余部分都隐藏于地表之下，近2.5千米。这块巨石由砂岩构成，据估计已有6亿年的历史。虽然所有游客都可以去参观乌鲁鲁巨石，但重要的是要记住，它是生活在周围的原住民的圣殿。每一位游客都应该尊重这个景观，不要乱扔垃圾，不要大声喧哗，更不要带走岩石碎片。

砂岩能给我们带来什么？

砂岩可以被劈开并塑造成规则的块状，因此在古代被用来建造各种建筑，包括城墙。如今，砂岩被用于铺设道路、地板、建筑物墙壁和楼梯的覆层，以及雕刻成美丽的喷泉等。

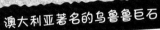

澳大利亚著名的乌鲁鲁巨石

砂岩王国

圣十字山是位于波兰东南部的山脉。据估计，圣十字山的年龄为5亿年，因此是波兰最为古老的山脉之一。它主要由石英砂岩组成，经过数百万年的风化，部分岩石碎裂，然后沉积在山坡上，形成了著名的圣十字山的石海。

砂岩石海

古老的皱纹

当气流或水流掠过沙地表面时，首先会带走细小的沙粒，将它们带到更远的地方并堆积起来。堆积起来的沙粒会形成低矮起伏的山脊，一个挨着一个，看起来就像起伏的波浪。沙滩、沙丘、河底或海底的沙纹就是这样形成的，有时在坚硬的砂岩表面也能看到同样的形状。由于陆地上和水下形成的波浪状图案不同，因此地质学家很容易判断砂岩是在哪种环境中形成的。

砂岩起伏的表面

白色的黄金——岩盐

岩盐，又称食盐，自古以来就为人们所熟知。在古代，市场上的食盐很少，因此价值不菲，盐和硬币一样可以用作交易时的货币。在埃塞俄比亚，直至20世纪初，人们还在使用被称为阿莫勒斯的盐币。随着时间的推移，由于盐的大量开采和在市场上的广泛存在，盐失去了其作为货币的属性，而用来烹调食物、制造化妆品。

岩盐

岩盐是一种矿物，这种矿物的主要构成元素是氯原子和钠原子，它们以适当的距离排列，形成立方晶体。

盐能给我们带来什么？

盐可以用来改善食物的味道、储存食物以及用作药浴。

岩盐

纯净的岩盐是无色透明的，然而任何微量混合物都会导致其颜色发生变化。如果盐中含有氧化铁，则会呈现粉红色。黏土和淤泥颗粒则会使其呈现灰色。最稀有的是蓝色的盐，被称为波斯蓝盐。它的颜色是由变形的晶格和晶体中移位的原子对光线的反射造成的。

如何获得海盐？

盐可以通过蒸发海洋中的咸水获得，在1升海水中平均含有35克盐。为了获得松软的盐，需要将海水煮沸并不断加入新水，直到锅底出现浓稠的盐溶液沉淀。由此获得的物质在合适的容器中进行干燥处理，直到容器底部出现盐晶体。

岩盐矿床是如何形成的？

在地下矿井中开采的所有岩盐矿床都是在数百万年前形成的，其形成原因是干燥、炎热的气候导致水分大量蒸发。因此，在地球上的许多地方，浅海水域和湖泊变得越来越咸。最终，盆地干涸，水中析出的矿物质沉积在底部。随着时间的推移，这些沉积物被黏土、淤泥和沙子覆盖，直至形成盐层。

死海岸边的盐是海水强烈蒸发的结果

巨大的盐罐子

乌尤尼盐湖是世界上最大的盐沼。它位于玻利维亚的安第斯山区，面积超过10 000平方千米。在4万年前，这里曾有一片巨大的盐湖，随着时间的推移，盐湖逐渐干涸。雨后，这些盐就会被一层薄薄的雨水覆盖，形成显著的镜面效果。蓝天白云倒映其中，加上无处不在的白色矿物质，展现出一幅令人难以忘却的画卷。

玻利维亚的乌尤尼盐湖

早期水泥的成分 ——石膏

石膏是一种在自然界中由岩石沉积形成的矿物。它自古以来就广为人知，其首次大规模应用发生在埃及金字塔的建造过程中。金字塔使用了石膏黏合剂将大块岩石连接在一起，因此尽管已经过去了数千年，金字塔至今仍然屹立不倒。

在建造金字塔时，古埃及人用石膏黏合剂将巨大的岩块连接起来

石膏和岩盐一样，都是数百万年前在干旱的沙漠地区形成的，当水蒸发后，石膏仍留在容器底部

石膏

石膏也叫含水硫酸钙（$CaSO_4 \cdot 2H_2O$）。纯石膏是无色透明的，而各种黏土矿物的混合物可使石膏呈现灰色、黄色、红色或棕色。石膏很容易吸水，其质地脆软，甚至可以用指甲划破。

石膏能给我们
带来什么？

石膏目前在建筑业中用作黏合材料。此外，石膏还被用于牙科与外科手术中。在外科手术中，石膏被用作敷料的一部分，以加固断裂的骨头。

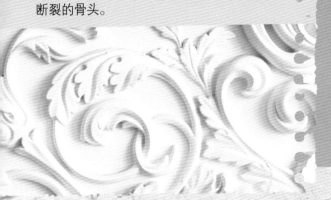

石膏被用来制作精美的室内装饰材料

石膏沙漠

美国新墨西哥州拥有世界上最大的石膏沙漠——美国白沙国家公园。它占地580平方千米，白色石膏矿床距离地表平均9米。该地区遍布众多小山和沙丘，它们有时高达近18米。这个巨大的沙质"石膏坑"蕴藏着45亿吨石膏。据估计，为了运输这些石膏，需要数以百万计的卡车，这些卡车一字排开，将绕地球赤道25圈之多！

沙漠玫瑰

在干燥和炎热的沙漠地带，尤其是撒哈拉沙漠，可以发现大自然创造的奇妙景观。从外形和大小上看，它们很像盛开的玫瑰花蕾，因此被称为沙漠玫瑰。它们通常形成于富含各种矿物质（特别是石膏）的水渗入地表之下的地方。由于沙漠温度较高、水分易蒸发，石膏颗粒沉淀在地表下的沙粒之间。石膏被困在浅层（通常在1米左右），随着时间的推移逐渐结晶，形成地下"玫瑰花"的花瓣。有时候，整个结构会膨胀到像一个重达几百千克的大花坛。然而，这种巨大的结构只有在数十甚至数百年后才会出现。在沙漠中的许多地方，风会吹走沙子，露出隐藏在地下的石膏。这就是沙漠中的玫瑰虽然生长在更深的地方，但看起来却像是生长在沙地表面的原因。

沙漠玫瑰的高度可达1米

人类的史前伙伴 ——燧石

燧石是一种坚硬的沉积岩。当它被劈开时，边缘会形成锋利的刃口，非常适合用来切割东西。这一特性促使史前人类在石器时代就开始用燧石制作各种工具，如斧、刀、矛头和箭头。此外，燧石是一种非常奇特的岩石，当用它们互相撞击时，会摩擦出成串的火花。有了这样的"打火机"，就可以点燃篝火，煮出热腾腾的饭菜。

条纹燧石

燧石在世界各地都能找到，但在波兰的圣十字山，人们可以找到其最名贵的品种——条纹燧石。这是一种不同寻常的大自然的产物，其特点是有着明暗条纹交织的美丽图案，排列方式就像提拉米苏蛋糕。由于条纹燧石非常美丽，而且只有在波兰才能找到，因此它在2011年成为波兰担任欧盟轮值主席国期间的官方指定宝石。这种被称为"波兰钻石"的宝石是一种独具吸引力的珠宝饰品。

燧石

燧石内部通常含有影响石头颜色的各种矿物质的混合物。通常，这种岩石呈白色、灰色、绿色、深褐色或黑色。

刀片状燧石

在浅色石灰岩层中可见深色燧石块

燧石的表面

燧石主要由二氧化硅（SiO_2）组成。这种岩石最常见于其他沉积岩——石灰岩和白云岩中，燧石在其中形成沉积，呈紧密的层状或任意分布的球状，有时也呈角状的硬块。

燧石是如何形成的？

就其形成过程而言，燧石是最神秘的岩石之一，它是数百万年前在海洋底部形成的。关于其形成原因现存多种理论，其中一种理论认为，生物是燧石形成的原因。在史前世界，海洋是无数硅藻和玻璃海绵的家园，它们体内富含二氧化硅。当这些生物走到生命的尽头时，它们的身体就会沉入海底并逐渐溶解。如此就形成了硅胶，在海底的一些地方留下一层薄薄的覆盖层。这种黏性物质尤其多地沉积于凹陷处，也就是蜗牛、蛤蜊等甲壳类动物挖掘的洞穴和走廊。在那里，硅胶停留的时间更长，随着时间的推移，硅胶变成了坚硬的燧石。另一种理论认为，燧石是由深海热液喷口周围的硅胶沉淀形成的，这也是有可能的。这些高耸的结构至今仍然存在，将硅和其他元素（如铅、锰、铁、镍等）源源不断地从地球内部输送到海洋中。

热液喷口

显微镜下的硅藻

骨架灰岩
——石灰岩

石灰岩是一种沉积岩，其主要来源是海洋生物的骨骼，陆地上最大的石灰岩出现在远古时期被海水淹没覆盖的地区。

来自动物的石灰岩

石灰岩多形成于珊瑚礁丰富的温暖海域，这些地区是体内含有碳酸钙的生物的家园。小型浮游生物和螃蟹的甲壳、珊瑚和鱼类的骨骼以及蚌类和蜗牛的硬壳都是由钙构成的。这些动物的生命终结后，就会沉入海底。随着时间的推移，堆积在那里的硬壳、甲壳和骨骼的数量越来越多。由于来自上层的压力，下面的碎屑被碾碎压缩。经过数百万年后，这些残骸紧密地聚集在一起，就会形成相当坚硬的石灰岩。

石灰岩能给我们带来什么？

石灰岩有很多的用途。如果没有这些岩石，石灰岩砂浆可能不会伴随人类走过数千年。石灰岩粉是水泥最重要的成分之一，如果没有它，就不会出现坚固的桥梁、房屋或摩天大楼。石灰岩作为一种醒目的装饰材料，还可用于制作窗台、楼梯、地板和墙壁等。

石灰岩

石灰岩是一种细粒有机岩石，主要由生物的钙质残骸组成。因此，有时候你可以在一块石头中看到凝固的生物部分。在石灰岩中还含有石英和其他矿物质，以及黏土和淤泥碎屑。石灰岩一般呈灰白色，但所含物质会使其呈现米色、黄色、红色、棕色、蓝灰色甚至黑色。

嵌入石灰岩中的动物化石

白色石灰岩塔

　　有些石灰岩不是由生物遗骸形成的，而是由水中成分之间发生的化学反应形成的。在美国加利福尼亚州，有一个奇特的莫诺湖，湖边的白色石灰岩塔和石灰岩柱格外显眼。它们有许多高达近10米，这要归功于从湖底流出富含钙质的泉水。这些喷涌的小间歇泉引发了钙和湖水中普遍存在的碳酸盐发生化学反应，这样就形成了碳酸钙。从水中析出的碳酸钙颗粒逐渐沉积到湖底，形成小丘。随着时间的推移，小丘逐渐变高变硬，形成高大的石灰岩塔。当湖泊中的水位因蒸发剧烈下降时，湖面上就会出现石柱，此时石柱的"生长进程"就会停止。在海边的许多地方都可以看到这种高耸的石灰岩结构。在格陵兰的伊卡峡湾有数百座石灰岩塔，其中一些高达18米。

用坚硬的石灰岩建造的波兰奥格罗杰逻茨城堡已经存在了600多年

法国埃特雷塔附近的石灰岩悬崖，有著名的象鼻山和针峰

莫诺湖畔的石灰岩塔

黑色的黄金
——煤

硬煤和褐煤是由植物形成的沉积岩。虽然古代的中国人和罗马人就已经知道燃烧煤炭可以产生大量热量，但直到18世纪和19世纪之交，人们才开始大规模利用煤炭的这一优点。因此，工业革命时期被称为"铁、蒸汽和煤炭时代"。

硬煤还是褐煤？

地下沉积岩的碳元素和含水量各不相同。褐煤含有65%~78%的碳元素，吸水性很强，因此水分可占岩石质量的30%~50%。硬煤的碳元素含量为78%~92%，水分含量一般不超过10%。正如它们的名字一样，褐煤一般呈深褐色，而硬煤则呈浓黑色。

煤能给我们带来什么？

历史上，通过在高炉中燃烧煤炭可以从矿石中获得大量的铁，经过适当的冶炼可以得到坚硬的钢。因此可以制造出巨大的蒸汽机、蒸汽船和蒸汽机车。时至今日，我们燃烧这种黑色岩石来发电，为灯泡、电视、电脑和许多其他机器提供动力。煤在我们的生活中的价值不可估量，因此被称为"黑色的黄金"。

硬煤

褐煤

从远古植物到硬煤

煤矿主要形成于石炭纪，即3.6亿年前至3亿年前。当时，地球上许多地区气候温暖湿润，有利于植被的茂盛生长。沿海地区巨大的沼泽、河谷和三角洲状河口长满了20米高的草本植物、蕨类植物。随着时间的推移，这些沼泽被推倒，然后分解成松散的泥炭，泥炭逐渐被一层淤泥和沙土覆盖，经过1万至6万年后变成了褐煤。随着时间的推移，褐煤层的深度越来越深。当到达距地表3~6千米的深度时，由于上面岩层的巨大压力和来自地球内部的热量（75~180℃），褐煤失去了水分，碳元素变得更加丰富。这样，褐煤就变成了硬煤。

在深矿井中开采煤炭

在露天煤矿中开采煤炭

史前植物样本馆

在煤炭基岩上偶尔可以看到植物茎、叶和根的化石印记。通过这些痕迹，我们可以了解到数百万年前绿色陆地居民的模样。如果你有幸在一块煤炭上发现了有趣的印记，那么就值得收藏起来。或许，假以时日，你可以收集到更多这样的样本，并用它们创建一个史前植物的样本馆。

一块带有蕨类植物化石印记的煤块

变质岩

变质岩又称转化岩，它通常由其他母岩（即沉积岩或岩浆岩）形成，一种变质岩也可以转化为另一种变质岩。

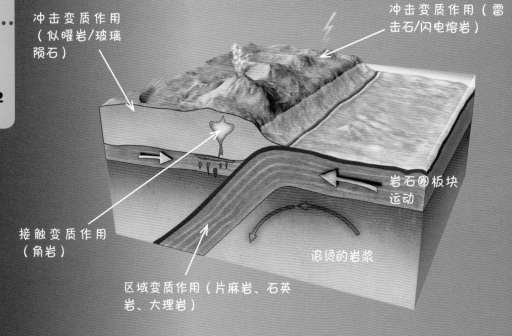

冲击变质作用（似曜岩/玻璃陨石）

冲击变质作用（雷击石/闪电熔岩）

岩石圈板块运动

接触变质作用（角岩）

区域变质作用（片麻岩、石英岩、大理岩）

滚烫的岩浆

闪电熔岩/雷击石

玻璃陨石/似曜岩

地表之下的变质

变质通常发生在地表之下，特别是在板块构造的交接处（区域变质作用）或滚烫岩浆的周围（接触变质作用）。地表下的变质作用通常是在"干燥"的情况下发生的，即事先没有完全熔化母岩。如果母岩地处太深，它就会因地球内部的热量而熔化，变成液态岩浆，而不是坚硬的变质岩。通常来说，地表之下的整个变质过程需要的时间非常漫长，通常需要2 000万至3 000万年。

地表之上的变质

有时，变质甚至可以在地表瞬间发生。在这种情况下，"罪魁祸首"就是闪电或者坠落的小行星。它们接触地表时产生的高温能够使岩石发生变化，并形成外观引人注目的雷击石或似曜岩。

变质的秘密

　　地表之下变质的最佳场所是距离地球表面6~30千米的区域，那里的温度为200~900℃。来自地球内部的热量和上覆岩层的巨大压力会导致母岩中的矿物颗粒粉碎和破裂。随着时间的推移，相同矿物的小晶体融合在一起，形成更大的晶体（重结晶）。此外，还会形成新的矿物晶体（新结晶）。在这种情况下，化学元素在重新组合后，最终会在晶格中形成不同的位置结构。岩层的持续压力和温度会使膨胀的晶体、新形成的矿物以及侥幸没有被完全破碎的细粒非常紧密地凝结在一起，如此便形成了坚硬而紧密的变质岩结构。变质岩的矿物成分发生了改变，因此看起来与岩石完全不同。总的来说，将任何岩石转变为变质岩的整个过程，就像是拆掉一座乐高房子，然后再用这些积木块重新搭建一座新房子。

变质岩是由哪些岩石形成的？

母岩　　　　　　　　　　变质岩

石灰岩 → 大理岩

砂岩 → 石英岩

花岗岩 → 片麻岩

泥岩 → 角岩

变质岩与古生物学

　　变质岩对古生物学家（研究地球上生命历史的科学家）来说研究意义不大，因为所有保存在母岩中的化石都已经蚀变破坏了。

镶嵌之美——大理岩

大理岩是一种变质岩。为了达成变质条件，石灰岩或化学性质类似的白云岩必须到达地球深处，这通常是由板块运动将岩石推入地球深处。经过数百万年后，由于巨大岩块的压力和来自地球内部的热量，石灰岩就会变成色彩美丽的大理岩。

世界上许多著名的雕塑和大型建筑的原材料都是大理岩。中国是世界上主要的大理岩产出国之一。

64

大理岩

大理岩表面的纹路和图案多样，颜色以纯净的白色、黄色、绿色、红色和黑色为主。这些独特而温暖的色彩是各种矿物质（主要是铝、镁、钙、铁和硅）的闪亮颗粒所带来的颜色。这些颗粒不计其数，形成了彩色图层、镶嵌图案或缠结脉络等样式。大理岩的构造是如此之丰富，以至于没有两块大理岩是完全相同的。

岩石表面的图案是大理岩的一个显著特征

建筑

对于古希腊人和古罗马人而言，大理岩是财富和繁荣的象征，一些巨大的宫殿和神庙都是用大理岩建造的。由于大理岩不受天气变化的影响，许多大理岩建筑即使已经有几百年甚至上千年的历史，如今人们仍然可以欣赏到它们。公元前432年，古希腊雅典的帕提侬神庙就是用大理岩建造的。17世纪，印度的泰姬陵也是用白色大理岩建造的。

帕提侬神庙

泰姬陵

雕塑

尽管大理岩坚硬无比，但却可以用锤子和凿子去雕刻、打磨、抛光，使其熠熠生辉。正因如此，大理岩是雕塑家们最喜欢的材料之一。很难想象，如果伟大的艺术家们没有发现大理岩的美，现在的艺术世界将会是什么样子。意大利最负盛名的雕塑家米开朗基罗的伟大作品，如《哀悼基督》《大卫》和《摩西》，虽然创作于15世纪和16世纪之交，但依然留存至今。

用大理岩雕刻的摩西像

大理岩有多种颜色

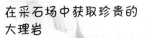
在采石场中获取珍贵的大理岩

从采石场到家中

大理岩沉积在数百米厚的大矿床中。大理岩是一种珍贵的岩石，因此要使用特殊的工具小心地进行切割，通过这种方法可以获得巨大的长方形石块。大理岩被翻转并切割成均匀的小块后，就可以进行交易和进一步加工了。大理岩可用于制作许多实用的家居用品，如石制餐具、瓷砖、桌面和窗台。

砂质硬石——石英岩

石英岩是一种变质岩，由砂岩在地壳深处形成。顾名思义，石英岩由90%以上的石英晶体组成。如果石英岩中含有99%的石英晶体，就会成为地壳中二氧化硅含量最高的岩石。

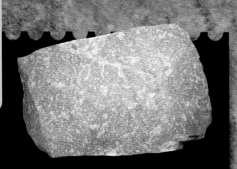

石英岩片

石英岩能给我们带来什么？

这种岩石硬度极高，是制作地板、人行道地砖、楼梯耐磨板以及房屋墙砖和桌面覆层的重要材料。

石英岩

这种岩石的结构是由微小的石英晶体组成的，这些晶体紧密地聚集在一起，肉眼根本无法分辨出各个细小成分，因此，石英岩的表面相当光滑，触感舒适。石英岩的颜色多为白色或浅灰色，在阳光下反光尤为明显，因此，石英岩像块状的糖果。各种矿物质的混合可使石英岩呈现绿色、蓝色、黄色或棕色。许多石英岩呈雪白色，并有镶嵌图案，因此很容易与大理岩混淆。但与大理岩不同的是，石英岩更加坚硬，不会被金属刀片划破。

砂岩与石英岩

与砂岩相比，石英岩由结构更紧密的石英晶体组成。砂岩中的任何裂痕都会出现在晶粒周围；而石英岩中的晶粒会很快裂成两半，却不会破坏它们之间的结合。

石英岩块

史前工具

石英岩的硬度和强度使其成为石器时代燧石和黑曜岩的良好替代品。许多实用工具都可以用石英岩制成，木棍末端附着上石英岩块可用作锤子。适当劈开的石英岩会形成薄而锋利的边缘，可以像小刀一样用来切肉或劈开坚硬的水果外壳。许多石英岩被劈成尖锐的碎片后被用作矛头和箭头。

石英岩山峰

波兰西南部的斯特尔泽林斯基丘陵位于苏台德山麓前段，在其范围内，大量岩石的成分中都含有石英颗粒。其中，有森林覆盖的圆顶山——新莱斯卡山（海拔383米）尤其引人入胜。这座雄伟的圆锥形山峰巍然耸立于周围地形之上，且主要由石英岩构成，它形成于4亿年前的泥盆纪。世界其他国家和地区也有类似的壮观的石英岩山峰。

苏格兰海岸边名为"小提琴礁石"的石英岩岩层

片麻岩的纹理

带状岩石
——片麻岩

无论我们在地球的哪一处开始钻洞，都很有可能在几千米深的地方发现某种片麻岩矿床。片麻岩也可以以石子、巨石或大型山脉的形式出现在地表。很多时候，这些大自然的岩石造物的年龄是以数十亿年为单位计算的。片麻岩的母岩，即形成片麻岩的岩石，通常是岩浆岩——花岗岩。

片麻岩的外观

片麻岩非常坚硬，耐风化，适应多变的气候环境。

眼球状片麻岩

片麻岩

片麻岩的表面在阳光下闪闪发光。这些微小的闪光是由各种矿物的晶体造成的，其中以石英为主。片麻岩的一个显著特点是它的纹理，即矿物的排列方式。一般来说，片麻岩具有平行的、不同颜色的浅色和深色条纹，这些条纹是交替排列的矿物颗粒。最主要的颜色有白色、灰色、红色、棕色、绿色和黑色。柔和的色调和条纹的层叠往往使片麻岩看起来像千层蛋糕。有时候，明亮的矿物晶体会被深色晶体的边界包围着，而这种眼球状纹理是眼球状片麻岩的特征。

平行条纹是片麻岩的一个特征

片麻岩给我们带来了什么？

片麻岩是一种用途广泛的岩石，可制作用于露台、阳台、地板和建筑墙面的坚固的石板。

片麻岩会让人联想到树皮

小型片麻岩石材极具装饰性

岩石的"树皮"

片麻岩的条纹颜色柔和，表面凹凸不平，和树皮几乎类似。因此，可以在阳台花盆和花园灌木周围铺上小块片麻岩碎屑，就像树皮碎屑一样。与树皮不同的是，片麻岩不会吸水，不会腐烂，还能很好地保护植物，防止水分从地面流失，同时防止杂草生根发芽。此外，适当翻转摆放的大块圆柱形片麻岩可以成为引人注目的花园景观，因为它们的外观形似被砍伐的树干。

猫头鹰山

猫头鹰山位于苏台德山脉，这是波兰的一个非常有趣的旅游景点。原因不仅在于其美丽的自然风光，还在于它是欧洲最古老的山脉之一。猫头鹰山主要由片麻岩构成，而片麻岩几乎从地球诞生之初就已经存在。这些山脉可能形成于15亿年前至4亿年前的前寒武纪。

猫头鹰山

像角一样的岩石
——角岩

角岩是一种变质岩，是由岩石的接触变质作用形成的。大量黏土矿物的岩石（如泥岩）经接触变质作用后可形成角岩。

角岩层

滚烫的岩浆

角岩

角岩主要由随机分布的矿物组成。这些矿物大小相同，但体积很小，只有在高倍放大镜下才能看到。因此，角岩非常光滑，其主要颜色为深绿色、灰色、深褐色和黑色，通常呈镶嵌状和交替条纹状排列。许多角岩的外观和颜色都很像动物的角，其名称也反映了这一点，像角一样的岩石。

角岩的诞生

这个过程涉及岩石与滚烫岩浆接触后发生的变质。在这种情况下，温度的作用要大于上覆岩层的压力。通常情况下，变质发生在滚烫岩浆被挤压进入岩石裂缝的地方。

高温会导致热区的形成，其长度可从几厘米到2千米不等，所有进入这一区域的岩石都会发生变质。岩浆的热量作用于岩石，就像烘烤蛋糕的烤箱一样。可以说角岩是一种经过精心烘烤的坚硬岩石，它烟熏火燎的黝黑面孔上没有鲜艳的色彩，就是最好的证明。

角岩的颜色较深，通常呈明显的条纹状排列

演奏音乐的岩石

地球上有些岩石在受到硬物撞击时会发出金属敲击声，这种与众不同的效果是由于各种矿物的坚硬颗粒彼此紧密地挤压在一起，从而产生的振动。许多角岩都具有这种特性，敲击较小的角岩碎石会发出类似敲击钢管或铁砧的声音，敲击大块的角岩巨石则像钟声。用这样的岩石可以制作出一种类似于钟琴的打击乐器——"石琴"。其中最有趣的一种叫作"斯基多"的石制乐器，制作于19世纪，现存于英国凯西克小镇的博物馆中。

角岩形成的山峰

角岩是一种相当坚硬的岩石，它们不会轻易地屈服于大自然的力量，因此可以形成高山。在波兰，颇负盛名的是苏台德山脉的最高峰——斯涅日卡山，其主要由角岩构成。它的圆锥形外观使一些人误以为它是一座死火山。在其他国家和地区也有类似的角岩形成的山峰。

斯基多

斯涅日卡山

日本山口县的一处条纹悬崖叫苏萨角岩

玻璃陨石和
闪电熔岩

岩石的变质不仅可以在地球深处历经数百万年时间，也可以在地表瞬间发生，后一种现象被称为陨击变质或冲击变质。

玻璃陨石和闪电熔岩的诞生

小行星和闪电是形成玻璃陨石和闪电熔岩的"罪魁祸首"，其击中地球地面后，岩石和沙砾由于冲击产生的高温迅速熔化，然后冷却凝结成特殊的结构。数百万年前，我们的地球曾多次遭到小行星的撞击，不仅留下了大坑，还留下了玻璃陨石。闪电从古至今一直存在，因此基本上每天都会产生一些闪电熔岩。

玻璃陨石

玻璃陨石看起来像块状玻璃，有绿色、黄色、棕色、灰色和黑色。它主要由二氧化硅组成，直径一般不超过几厘米，重量只有几十克。玻璃陨石是大质量小行星与地球地面碰撞后的残留物。在发生大规模碰撞的地方，压力和温度迅速升高。地球上的岩石迅速变成了加热的液态二氧化硅。大量这种炽热的玻璃状物质以喷泉状喷射到空中，并分离成数以百万计的小碎片。在飞向天空的过程中，它们会呈现出球状、水滴状、圆球状或圆盘状等不同形状。由于质量小，它们可以从碰撞点飞到数百千米之外的地方。

72

里斯陨石坑

在这里发现了
绿玻陨石

印尼玻陨石

玻璃陨石的命名

玻璃陨石只在世界上的某些地方被发现，因此，人们根据发现地点为玻璃陨石命名。在捷克、斯洛伐克发现的玻璃陨石是绿玻陨石。同样的，澳大利亚有澳洲玻陨石，北美洲有佐治亚玻陨石（以美国的佐治亚州命名）。东南亚地区的玻璃陨石名称繁多，有泰玻陨石、印尼玻陨石等。

1500万年前，一颗小行星撞击了地球，在今天的德国小镇诺林根附近形成了里斯陨石坑，并将加热的二氧化硅喷射到了空中。这些二氧化硅主要落在捷克南部地区，形成了叫绿玻陨石的变质岩

绿玻陨石

澳洲玻陨石

73

闪电熔岩是闪电击中地面后形成的

闪电

地面
↓

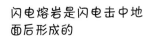

闪电熔岩

像树根一样的闪电熔岩

闪电熔岩是闪电击中地球地面的产物。如果一道闪电击中砂岩，会加热砂岩颗粒，冷却后会融合在一起，形成相对坚硬的闪电熔岩结构。从外观上看，这种闪电的杰作就像一根分枝的树根或中空的骨头，表面粗糙，有坚硬的片状结构。一般来说，其被发现的样本都相当脆弱，平均长度在几厘米间。它也是非常罕见的闪电产物，是由岩石表面的熔融矿物形成的。

闪电熔岩

放射性岩石

放射性是一种特殊的能量现象，它的主要产生者是少数被称为放射性核素或放射性同位素的不稳定元素。在众多元素中，铀的同位素（^{235}U和^{238}U）尤其活跃。

哪里有辐射？

放射性核素存在于太空和地球，即土壤、岩石、空气和水中。我们每天食用的水果、蔬菜和使用的其他各种产品也会受到不同程度的辐射。

硅铜铀矿是一种放射性岩石

放射性岩石

自然环境中的放射性核素含量并非到处都一样，有些山区的辐射值尤其高。在所有岩石中，花岗岩的放射性通常较高，因为它们含有较多的铀和其他放射性同位素。幸运的是，这些同位素的总量并没有超过对人体有危险的数值，因此，无论是去山上还是在家里铺花岗岩瓷砖和桌面，都不会对我们的健康造成伤害。

花岗岩山脉的特点是放射性略高

晶质铀矿和铀混合物

晶质铀矿是一种放射性铀矿物，它通常具有半金属光泽，呈棕色、深灰色或黑色。它经常与其他矿物呈颗粒状聚集在一起，在这种情况下，这种石块被称为铀混合物。由于它含有大量的铀，在特殊的紫外线灯下会发出绿色的光。由于对铀混合物的研究，波兰科学家玛丽亚·斯克沃多夫斯卡·居里发现了钋和镭，并因此于1903年和1911年分别获得诺贝尔物理学奖和化学奖。

玛丽亚·斯克沃多夫斯卡·居里对某些元素的放射性进行了开创性的研究

晶质铀矿

铀矿

世界上的铀矿一般通过露天开采，或者像煤矿一样从地下开采。在波兰，有一些停用的铀矿，人们在那里开辟了旅游路线。有趣的景点包括位于下西里西亚的克莱特诺矿坑和科瓦雷矿坑。游览是完全安全的，因为这里为游客提供了无放射性矿石的走廊，并使用特殊探测器对辐射进行持续监测。在地下，游客可以看到许多与采矿有关的展品，还可以在岩壁上欣赏到美丽的矿物，如紫水晶、赤铁矿、磁铁矿和石英。

现已关闭的铀矿地下通道

铀玻璃

在19世纪，人们在玻璃中加入少量的铀，使玻璃呈现出明亮的绿色。添加了铀的玻璃盘、高脚杯和碟子非常受欢迎。尽管历经多年，它们在紫外线的照射下仍然会发光，有时候博物馆会用这种方式来陈设展品，令人眼前一亮。尽管如此，我们也不需要感到害怕，因为无论是过去还是现在的玻璃器皿中这种元素含量都非常低。

铀玻璃在紫外线下闪耀着翠绿色的光芒

岩石中的甜甜圈——晶洞

晶洞是岩石里的一个空洞，里面充满了刷子状的矿物晶体。从外观上看，晶洞非常普通，我们很难将其与普通的岩石碎屑区分开来。只有当晶洞被锯开时，才会展现出迷人的美。岩石内部充满了闪闪发光的晶体，就像一个水果馅的甜甜圈。

为什么取这个名字？

用一个夸张一点的比喻，我们可以将晶洞与地球相提并论，因为地球也是有着坚硬的地壳，而内部充满着多层多色岩石。正是因为这个原因，这种岩石结构才得名"晶洞"，其希腊语的意思是"与地球类似"。

含有彩色晶体的晶洞

晶洞的诞生

要形成这种特别的自然产物，岩石必须有空洞，就像奶酪上的洞一样。在玄武岩和凝灰岩等岩浆岩中，空洞是在放气物质凝固在气泡周围时形成的。相比之下，石灰岩和白云岩等沉积岩中的空洞则是贝类等软体动物的遗骸被挤压和分解后的残留物。岩石中较为薄弱的地方就是这些孔洞，因此含有溶解矿物质的水经常会从这些孔洞中渗出。

随着时间的推移，这些矿物质会从水中析出，然后结晶，从岩洞壁长到晶洞中心。如果矿物质析出的过程一直持续下去，那么孔洞就会被完全填满，形成条纹玛瑙等。如果不断增长的矿物质堵塞了水源，就会形成晶洞，即一个充满突出晶体的孔洞。整个晶洞的形成过程需要数千年到数百万年不等的时间。

从小球到巨石

在矿石店里，小的带有晶洞的石头通常作为惊喜彩蛋出售。购买者可以亲自将其切开，成为世界上第一个看到里面所装的矿物晶体的人，其乐无穷。除了小石头外，还有足球大小的石头，甚至有的石头内部宽敞到可以容纳下一个成年人。在澳大利亚阿瑟顿小镇的一个水晶洞中，人们可以欣赏到世界上最大的单体晶洞之一——这个高3米、重2.5吨的庞然大物内部镶满了美丽的紫水晶。

内部镶满紫水晶的晶洞

晶体的颜色

地球上没有两块相同的晶洞，每一块都是独一无二的，就像你的指纹一样。通常情况下，晶洞内部充满了石英或方解晶体，它们的颜色取决于晶体中蕴含的微量元素。含有少量铁元素的石英呈紫红色，被称为紫水晶。另一方面，铜的加入会使石英晶体呈现绿色。方解石中的微量锰元素会使其呈现粉红色。

装满石英的晶洞内部

来自海底的矿物——多金属结核

多金属结核（又称锰结核）是20世纪最伟大的地质发现之一。在许多地方，这种球状物大量覆盖在海底。虽然它是在近150年前英国皇家海军舰艇挑战者号的考察中首次被发现的，但当时人们对它兴趣不大。直到20世纪60年代，人们才发现它基本上由纯矿物组成，主要是铁、锰、铜、钴和镍。

在这里，多金属结核沉淀在鲨鱼牙齿周围

从斑点到圆球

多金属结核看起来就像从篝火中直接拿出来的土豆。它呈棕黑色，椭圆形，直径通常在2~25厘米，但也有更大的。最大的多金属结核像炮弹，重达几十千克。该结核的形成过程始于从水中析出的金属元素对某种硬物质的包裹。这种物质可能是鲨鱼的牙齿，也可能是海底的岩石碎屑。随着时间的推移，在第一层的基础上形成更多的金属层，如此循环往复。如果我们透过**多金属结核**观察，就会发现其内部类似于洋葱切片或树干年轮。然而，与树木不同，多金属结核的厚度增长非常缓慢。一般来说，几毫米厚的一层需要一百万年才能形成！

多金属结核

矿物宝藏

所有大洋的底部都有多金属结核。它一般位于相当深的海底，最深可达4 000~6 000米。有时它的密度高达20千克每平方米。遗憾的是，从深海中提取它仍然困难重重，成本高昂。由于强大的静水压力，人类无法潜入海底将这些"水下土豆"捞到桶里。科学家们正在研究制造遥控机械采集器。这种机器很可能像"锄头"一样工作，把球状物吸上来，然后通过一根长管把它运到海上的船只上。另一个想法是用拴在长绳上的容器沿着海底拖动来收集结核。

未来，结核将由水下机器人采集

从海底收集的多金属结核

波兰的海洋计划

许多国家，都有权勘探海底矿藏，联合国国际海底管理局负责监督这些权利的授予。波兰也有参与的机构，一家名为国际海洋金属联合组织的公司在什切青注册，该组织还包括捷克、俄罗斯、斯洛伐克、保加利亚和古巴这些成员。国际海洋金属联合组织拥有太平洋部分海底的开采权。授予该机构的区域面积达7.5万平方千米，相当于波兰国土面积的四分之一。

来自外太空的访客
——陨石

无数不同的岩石天体，包括巨大的小行星和体积较小的流星体，它们都围绕着宇宙运行。当它们在太空中旅行时，经常会在途中遇到我们的地球。

从流星到陨石

地球大气层是抵御那些来自太空的物体的保护罩。由于地球大气层的阻力，高速飞来的陨石的速度会减慢。然后，它的温度会急剧升高，以至于可以在天上看到一道闪光，这种发光并坠落的物体被称为流星。大多数流星体在大气层中燃烧，以尘埃的形式到达地球表面。如果有一颗能够以较大的块状形态降落地表，它就会被称为陨石。

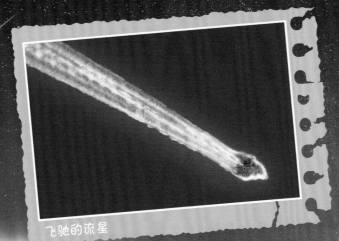

飞驰的流星

大型陨石撞击地球表面后，会留下一个巨大的陨石坑

陨石的种类

　　一般来说，陨石可分为三大类：石陨石（占陨石的86%）、石铁陨石（9%）和铁陨石（5%）。许多陨石在外观上与陆地岩石相似，因此很难分辨。最容易找到的是铁陨石，它大多由铁镍合金构成。借助专门的金属探测器，在野外找到它相对容易。

铁陨石

石陨石

霍巴陨铁——现存最大的完整陨石，质量超过60吨

寻找陨石

　　要想找到你的第一块陨石样本，你需要尽可能多地了解它。如果你不能正确地完成这项任务，即使带着最好的金属探测器也无济于事，你只能把冰冷的地球石头带回家。

铁陨石特征

- 外形圆润，质量相当大；
- 有一层薄薄的黑色熔壳，这是岩石表面在穿过大气层时被熔化的痕迹；
- 石头表面有浅浅的沟槽和凹陷，看起来就像被手指头按压过一样；
- 在深色外壳下，可以看到浅得多的灰色或灰绿色内部，以及深色的铁镍斑点；
- 石头能吸引磁铁。

伪装成陨石的地球石头

　　许多地球石头在外观上与陨石相似，因此很容易被误认为是陨石。最常被当作陨石的是玄武岩，玄武岩相当重，有一层黑色的涂层。此外，玄武岩通常含有大量磁铁矿形式的铁，因此对磁铁有很强的吸引力。地球上许多其他的石头中也含有铁矿物，这也具有吸引磁铁的作用。不过，如果把玄武岩切成两半或压碎，你会发现内部总是黑色或黑褐色，而外层则是相同的颜色或明显浅一些。对于许多陨石来说，情况恰恰相反——它们的外壳是黑色的，而内部则是浅色的。

在这块陨石上，你可以清楚地看到深色的外壳和浅色的内层

岩石和矿物的破坏者

地球上岩石的强力破坏者是风、水和植物根系。在它们的影响下，所有岩石都会随着时间的推移而碎裂。小碎片、小颗粒以及较大的碎块都是从岩石上脱落的。每一种自然之力都有着自己破坏岩石的方式。

风化岩面

风、水和植物根系是如何破坏岩石的？

风卷起沙粒，然后以巨大的力量撞击岩石的不同部位。岩石被撞击，直至最终碎裂。而顺着岩石表面流下的水则会冲走岩石中的矿物质。在冬季，水会渗入岩石中最微小的裂缝，并通过冻结成冰扩大体积，从而导致岩石一块块破裂。有时，树根也会参与破坏岩石。它们长入岩石的裂缝中，并逐渐蔓延伸展开来，最终导致岩石碎裂成更小的碎片。

生长的树根破坏岩石

岩石山谷

美国的岩石山谷是大自然创造的最有趣的景观之一。2.5亿年前，这里曾是一片海边的河流湿地，风和蜿蜒的河流携带着大量的沙子在这里沉积。经过许多年后，形成了一个巨大的砂岩床，然后在板块运动的作用下逐渐隆起，这样，就形成了一个均匀的圆顶，高出地表几百米。又过了100万年，风和水将这些砂岩刨开，移走了大部分岩石，只留下最坚硬的部分。许多巨石都高达300米。

溶洞

石灰岩、白云岩和石膏岩特别容易受到水的侵蚀。水溶解岩石的过程被称为岩溶化。这就形成了奇特的地下洞穴和通道，其内充满了奇妙的结构。石笋从洞底升起，钟乳石像冰柱一样悬挂在洞顶。墙壁上则布满了奇特的帷幔，看起来就像是由流动的巧克力形成的。在波兰克莱特诺的熊洞中可以看到这些结构，甚至还有更奇特的流石装饰。

古巴的莫戈特斯地貌

巨大的风蚀残丘

大自然的力量作用于石灰岩、白云岩和石膏岩，会形成风蚀残丘。其中在波兰最有名的是"赫拉克勒斯之锤"和"狄奥提玛之针"，它们都位于波兰的奥伊楚夫国家公园。这类高耸雄伟的圆顶山丘被称为风蚀残丘，经常出现在潮湿炎热的地方，因此在古巴和东南亚最为常见，其高度超过100米。

熊洞

岩石山谷

赫拉克勒斯之锤

海洋中的岩石

"破碎堡垒"海蚀柱

滔天的巨浪和强劲的海风是海洋的元素，它们可以轻易地破坏和吞噬部分陆地。特别是较软的结构会被冲走，而最坚硬的结构则会保留下来，因此，陆地的海岸线不断后退，最大的岩石傲然挺立于海水中。滔天的巨浪一刻不停，每天都会从搁浅的岩石上撕下一片片碎屑。让我们赶紧去亲眼看看吧，因为海洋拥有一种无情的力量，总有一天会摧毁如此巨大的岩石。

一块"蛋糕"

在爱尔兰海岸附近有一块名为"破碎堡垒"的岩石。它高50米，有3.5亿多年的历史。从外观上看，它就像一块巨大的蛋糕，因为它是由许多层岩石叠加而成，因此颜色有深有浅。每层岩石都是由海底的黏土、沙子和海洋动物的遗骸经过数千年的沉积形成。

十二使徒岩

十二使徒岩是位于澳大利亚附近的一组大型石灰岩柱。由于海浪的不断冲刷，其中几根石柱轰然倒下，坠入大海。如今，这些巨柱只剩下8根，其中最大的高达45米。

老哈里岩

老哈里岩位于英格兰南部沿海。白垩岩是这些岩石的主要成分，在阳光下闪烁着白色的光芒，它是一种纯石灰岩。据估计，这些雪白岩石的年龄约为6 600万年，其中最大的岩石高约12米。

老哈里岩

十二使徒岩

风帆之石

柏尔的金字塔

在澳大利亚附近的塔斯曼海有一块与众不同的玄武岩。它是水手亨利·柏尔在18世纪发现的，因此得名柏尔的金字塔。它呈黑色尖状，高562米，底部宽400米。这块岩石是700多万年前一座死火山的遗迹。

柏尔的金字塔

三兄弟岩石

这是三根并排傲立在堪察加半岛南部海岸附近的玄武岩石柱。传说在很久以前有三兄弟，他们站在海岸边保卫自己的村庄，击退即将到来的大海啸。他们英勇地完成了任务，但汹涌的海浪把他们变成了石头。

三兄弟岩石

风帆石

在黑海沿岸有一块坚硬的砂岩，看起来像一张长方形的帆。它高25米，宽20米，厚1米多一点。这块狭窄的岩石下部有一个开口，可能是20世纪初军舰发射炮弹留下的痕迹。

保持平衡的巨石

世界上有大量不同的巨石，其中有一些所处的位置不同寻常。过去，人们认为是超自然力量将它们排列成这样的。实际上，地球上的自然力量才是"罪魁祸首"。

这些巨石是如何形成的？

数百万年前，地壳运动将各种岩石从地底下抬到地表，在阳光、风和水的作用下，岩石逐渐被挤压和雕刻。许多奇形怪状的巨石就是这样形成的。有些巨石只有边缘与地面接触，其余部分则悬浮在空中。尽管我们经常认为它们即将滚动、滑落或坠落，但它们令人称奇的"平衡表演"仍在继续着。

悬空着的布道石

布道石

在挪威的吕瑟峡湾，有一块花岗岩巨石夹在两块岩石之间，被称为"布道石"。这块巨石是一处与众不同的旅游景点，只留给那些勇敢的人。如果你能克服恐惧爬上这块巨石，就有机会在垂直落差为604米的石头上拍一张纪念照。

魔鬼弹子球岩石

在澳大利亚北部一个名为卡鲁卡鲁的自然保护区内，有一些直径为0.5~6米的球形花岗岩石块。尽管它们的名字叫"魔鬼弹子球"，但它们并不是魔鬼的杰作，而是自然力量的产物。当然，它们主要的雕刻家是风、雨和阳光，数百万年来，它们一直在辛勤地雕琢着这一片的岩石。这些巨大的球体虽然稳稳地矗立在其他岩石上，但看起来就像快要滚下去一样。

87

偶像石

偶像石

这是位于英格兰的一块砂岩，高约4.5米，重200吨。尽管它体积庞大，但却稳稳地坐落在一小块金字塔形岩石的顶部。在上一个冰河时期，风和水将岩石中硬度较低的部分削去，从而形成了这个奇异的造型。

摇摆石

由几块平整的花岗岩巨石叠放而成的摇摆石群是波兰的什克拉尔斯卡波伦巴最有趣的旅游景点之一。这个岩层的名称来自于其中最高的一块直径为4米的石头所具备的摇摆能力。尽管它体积庞大，却只有两处支撑点，因此很容易摇晃。

在悬崖的边缘

在加拿大新斯科舍省迪格比附近，一个9米高的玄武岩柱矗立在悬崖的边缘。这块奇特的石头只有部分底座挨在悬崖上，而其余部分都悬于空中。看起来，这块石头似乎还没有决定是要继续挺立着欣赏海岸美景，还是要倾倒下去。

迪格比的
平衡岩

摇摆石

石头之书

人类一直在记录生活中的各类事件、各种场景。在古代，最好的记录材料就是坚硬的岩石。先民们用锋利的笔刃在石头上刻下各种符号和图画，用以描绘记录各种事件。尽管已经过去了数千年，但这些"石头之书"仍有许多流传至今。这些过去的遗迹往往是一座无价的知识宝库，其中既有关于人类个体的知识，也有关于整个古代文明的资料。

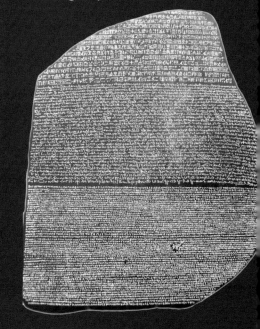
罗塞塔石碑

古老的岩画

印度石窟壁画

史前绘画

在世界许多地方的洞穴岩壁上都可以看到古人绘制的史前绘画。最古老的作品距今已有3万至4万年的历史。这些图画主要描绘动物、人类以及各种日常生活场景，如狩猎、采集和捕鱼。此外，有些图画充满着神秘色彩，记录着祭祀和宗教信仰。绘在岩石上的图画和标志是岩画，刻在岩石上的图画和标志是象形符号。

罗塞塔石碑

随着古埃及文明的终结，它的文字也被世人所遗忘，因此，后来没有人能读懂用这种古老文字书写的文章。直到19世纪初，人们在埃及城市罗塞塔发现了一块与众不同的石头，才揭开了它的秘密。这块石头是一块巨大的黑色玄武岩抛光板，上面刻着希腊文和埃及文对照的文段。由于学者们很早就了解希腊语，因此他们能够将希腊语中的单词与埃及语中的单词对应起来。通过这种方式，埃及象形文字被破译，这种古老语言的语法规则才能被学习。

太阳历石

在18世纪，人们在墨西哥发现了一个石盘，它是15世纪阿兹特克的一位统治者下令制作的。圆盘由玄武岩制成，直径358厘米，厚98厘米，重24吨。岩石表面刻有阿兹特克宗教中最重要的神——太阳神的符号和图案。这块石头很可能是一种日历或礼拜祭坛，上面记录了阿兹特克人相信的世界诞生以来的各个阶段。

斯堪的纳维亚的符文石

太阳历石

符文石

挪威、瑞典和丹麦周边地区拥有最多的被称为"符文石"的巨石。它们的名字源于石头上的符文，即古高地德语字母表中的字符。用这种语言镌刻的文字通常描述过去的事件或记载某个人的特殊优点。可以说，这些石头就像是今天城市街道上的纪念碑。较小的鹅卵石、骨片和木片上也刻有符文符号，据说可以保护佩戴者，为他们带来好运或赋予强大的力量。

著名的石质建筑

世界上有大量建造方式充满奥义的古代建筑。继公认的古代世界七大奇迹（其中只有胡夫金字塔完好无损地保存至今）之后，于2007年在里斯本公布了世界新七大奇迹。

库库尔坎金字塔

埃及金字塔

金字塔是世界上最著名的石质建筑之一。最有名的金字塔位于埃及，它们是哈夫拉金字塔、孟卡拉金字塔和最大的胡夫金字塔（高147米）。埃及金字塔主要作为陵墓使用，统治者的尸体被安放在用花岗岩建造的内室中。这些巨型建筑的其余部分则用石灰岩石块填充，排列精确。此外，外墙还铺设了抛光的石灰岩板。由于使用了石灰岩板，金字塔在阳光照射下熠熠生辉。

阶梯金字塔

然而，真正的金字塔王国在美洲中部。很久以前，印加人、玛雅人和阿兹特克人曾居住在这片土地上，他们留下了1 000多座这样的建筑。埃及和世界其他地方的金字塔都没有这里的多。在美洲，人们建造了阶梯金字塔。这些阶梯金字塔的墙壁呈倾斜状，由阶梯状的岩块叠加而成。这种类型的金字塔在墨西哥数量最多，如太阳金字塔（高71米）、月亮金字塔（高43米）和库库尔坎金字塔（高30米）。它们主要由凿好的石灰岩块和干燥的砖块搭建而成。与用作陵墓的埃及金字塔不同，墨西哥金字塔主要充当顶部神庙的地基。

太阳金字塔

埃及金字塔

佩特拉——用砂岩雕刻而成的古老石城

佩特拉古城

佩特拉位于约旦西南部的沙漠地区，是一座古城遗址。这个神秘的地方曾是纳巴泰王国的首都。当地居民历经数年，耐心地用坚硬的橙色砂岩雕刻建造出了精美庄严的住宅、陵墓、神庙、剧院和宫殿，这些建筑至今仍令人叹为观止。佩特拉古城也是世界新七大奇迹之一。

中国长城

在中国有一道世界闻名的防御工事，叫作长城。包括其分支在内，长城总长超过21 000千米，是世界上著名的文化遗产，也是世界新七大奇迹之一。长城最坚固的部分是用晒干的黏土砖和从附近岩石上切割下来的石块一同砌成的。城墙是一道屏障，具有边防预警系统，多次抵御了北方游牧民族对古代中国的入侵。

中国的万里长城

令人印象深刻的巨石

早在几千年前，人类就注意到石头是一种很好的材料，它可以很好地抵抗时间的流逝。这就是为什么人们用大块的巨石和岩块来建造祭祀场所或者雕刻伟大统治者的永久性纪念雕像。

什么是巨石？

一块单独伫立的巨型石头被称为巨石。由于巨石的存在，许多古老的宗教信仰和祖先的形象以岩石为载体，流传数千年直至今日。巨石就像一台时光机，让我们在第一眼看到它们时，就能将我们的思绪带回到过去。许多大型的建筑都具有这种力量，比如摩艾石像、巨石阵和狮身人面像。

摩艾石像

在被波利尼西亚人称为"拉帕努伊"的复活节岛上，有许多非同寻常的摩艾石像。它们有着巨大的人形躯干，头部拉长。所有的巨像都是用岛上随处可见的火山凝灰岩雕刻而成。复活节岛上总共有887座雕像，高度从2米到近10米不等，重达数吨。对于岛民来说，海岸两旁的石像是祭祀的地方，也是人们用于祈祷的祖先化身。

摩艾石像也被称作复活节岛石像

现在的巨石阵

巨石阵

在英格兰南部有一个被称为"巨石阵"的石圈。这座巨大的建筑是世界上最神秘的石头建筑之一。第一块磨光的巨石很可能是在公元前2 100年左右建立的。石圈的外圈由所谓的羊背石制成，这是一种非常坚硬的砂岩，二氧化硅含量超过97%。立石高4米，宽2米，重25吨。其内部则是一圈圈排列的辉绿岩，这是一种岩浆岩，颗粒细小，呈灰蓝色。对于当时的人们来说，巨石阵很可能是一个祭祀神灵的地方。此外，它还起着确定季节的历法作用。

狮身人面像

埃及是狮身人面像这一不朽雕塑的故乡。它由坚硬的石灰岩雕刻而成，雕刻时间可能在公元前2 500年左右。这座狮身人面像长73米，高20米，宽约为20米。虽然狮身人面像现在是沙子的颜色，但在它的全盛时期，大部分都是红色的。此外，雕像面部的某些部分还涂有黄色和蓝色染料。几千年来，狮身人面像上的油漆已经风化，鼻子、庄严的胡须和额头上的眼镜蛇也已经脱落。尽管如此，这座巨大的狮身人面像依旧面容傲然，显得格外威严。

由于风化，狮身人面像已经失去了鼻子、胡须和额头上的眼镜蛇

狮身人面像

神圣的岩石

就像几千年前一样，今天世界各地的人们对许多巨石、岩石、岩石建筑和洞穴都充满了敬畏之情。基督教、伊斯兰教、佛教和犹太教的信徒都有着自己神圣的岩石建筑。

克尔白

此处安放着黑石

耶稣诞生石窟

根据《圣经》记载，伯利恒是耶稣诞生的城市。耶稣诞生教堂内的一个小型石灰岩洞穴是一个非常特殊的景点，是耶稣诞生洞穴。洞内有一个用银色星星标记的地方，根据基督教信仰，耶稣就是在这里诞生的。

黑石

麦加是沙特阿拉伯的一座城市，这里既有世界上最大的清真寺，也是穆斯林的必到朝圣之地。圣地的中心有一个巨大的立方体建筑，被叫作"克尔白"，意为"真主的房屋"，也称"天房"。其四角朝向世界的四个方向，在东面的一个银色框架中，安放着穆斯林心目中最神圣的圣物。它是一块黑色的坚硬石头，被称为"黑石"。每个来到这里的朝拜者都想至少触摸它一次。

伯利恒的耶稣诞生洞穴

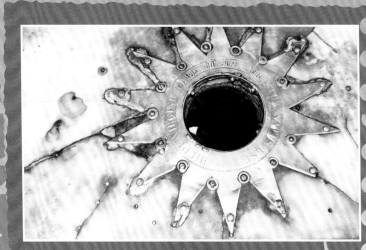

银星象征着耶稣的诞生地

哭墙

耶路撒冷是石砌西墙的所在地，它高出地面19米，雄伟壮观。这道巨大的墙由许多排亮黄色的经过加工的石灰岩块组成。大部分石块重达2~8吨，但也有更重的石块。其中一块石灰岩巨石重达517吨。在西墙内，有一个单独的部分叫作哭墙，它是犹太信徒最神圣的地方。每天都有成千上万的朝圣者来此朝拜，他们有时会在祈祷时将写有自己请求的纸条插进墙缝中。

插在哭墙缝隙中的纸条

黄金岩石，佛教信徒的圣地

95

哭墙——犹太教信徒最神圣的地方之一

黄金岩石

缅甸有一处最神圣的佛教圣地，名为黄金岩石。礼拜场所是一块花岗岩巨石，高7米，宽15米，伫立于蜿蜒的岩石斜坡的尽头。由于朝圣者不断地在石头上洒下金片，这块巨石看起来非同寻常，同时似乎又违背了地心引力的规则。根据佛教信徒的说法，这块巨石之所以能够保持平衡，全靠放在下面的一根佛祖的头发。

石化的动物

化石是保存在岩石中的植物和动物等有机体在远古时代存在过的证据，其特殊的形态是了解过去动植物外观的绝佳信息来源。

岩石中保存完好的史前爬行动物骨骼

在哪里能找到化石？

生物化石只能在沉积岩中找到，其中石灰岩和砂岩的化石含量最为丰富。让我们记住这一点，否则在寻找化石的过程中，我们就会不必要地劈开一些岩浆岩或变质岩，而这些岩石中肯定没有生物的遗迹。

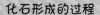

化石形成的过程

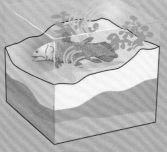 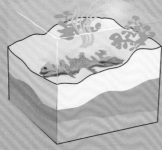 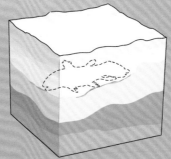 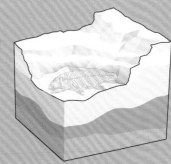

化石的形成

大多数化石都是在海洋环境中形成的，生物遗体掉落海底被厚厚的沉积层覆盖。通常情况下，生物遗体中柔软的结构会迅速被分解，只有最坚硬的结构，如动物骨骼、贝壳和珊瑚骨架等，才会经历化石化过程。当这些结构在很久以前被埋入地下时，含有溶解矿物质的水渗入其中。岩石中的生物遗体逐渐分解，留下孔洞和缝隙，其慢慢被结晶矿物填满。这就是沉积岩中生物遗体形成化石复制品的过程。

贝类化石

菊石

菊石是头足纲动物的代表，生活在4 000万年前至6 000万年前。在已经发现的化石中，螺旋扭曲的扁平贝壳的直径从几厘米到2.5米不等。

粪化石

粪化石是动物粪便的化石。这些化石通常是生活在几百万年前的恐龙或史前鲨鱼等大型鱼类的残留物。许多粪化石看起来就像普通的石头，因此只有专家才能辨别出它们。有一些粪化石的形状则清楚地表明，它们是由动物排放的一些难以消化的部分形成的。尽管这些化石很坚硬，但它们无色无味，因此可以放心地放在房间的架子上。

箭石目

我们偶尔可以在沙子或砾石底层发现沙棕色的小圆锥体。这些奇特的卵石状物体在外观和形状上都很像步枪子弹。它们有时被错误地称为"闪电箭簇"，但实际上与闪电毫无关系。它们是已灭绝的掠食性海洋动物贝类的化石，生活在距今2.5亿年前至1.4亿年前，外形酷似今天的乌贼。这种坚硬的锥状物是由动物骨骼后部形成的化石。

菊石贝壳化石

三叶虫

三叶虫是生活在5.21亿年前至2.4亿年前的海洋节肢动物。它们的化石具有独特的肋状躯壳，长1~70厘米。

恐龙的
粪化石

三叶虫化石

石化的树木

在世界各地都能看到这些非凡的自然杰作，它们是数百万年前生长在地球上的树木的完美复制品。许多树木的树皮碎片、年轮和原始树干结构都保存得非常好。因为原始树干结构保存得特别完整，所以你可以很容易地推断出树木的种类和年龄。

在石化木的横截面上，很容易辨认出每年生长的年轮

石化木的石屑和现代树木的碎片往往很难区分。只有当你试图捡起它们时，才会发现石化木像石头一样沉重且坚硬

水下的诞生

今天的石化树是在数百万年前诞生的产物。根据发现地点的不同，树木被一层厚厚的火山灰、淤泥或沙子覆盖。渗入地下的水到达树干，开始了非同寻常的转变。整个过程就像水从海绵中缓慢渗出，而在这里，海绵就是一棵枯树。在其多孔的海绵状组织结构中，二氧化硅从水中析出，方解石也逐渐沉积下来，但次数较少。这些矿物质一点一点地逐渐取代了腐烂的植物组织。这样，经过漫长的时间，一棵树的矿物复制品就诞生了。

在美国亚利桑那州石化森林国家公园中发现了很多古树的石化树干

神秘的色彩

化石的颜色既不取决于树木的种类，也不取决于它几百万年前生长的地方。植物的颜色通常和我们如今所见到的树木完全不同，呈现的是不同矿物的颜色。化石通常是由石英构成的，因此可以说这样一棵大树就是一块巨大的石英晶体。在其晶格的各个部分，少量的各种元素被粘连在一起，从而使树木呈现出各种颜色。石英晶体中的铁元素使树木呈现出红褐色。蓝色是由铜元素造成的，绿色是由铬元素造成的，粉红色是由锰元素造成的。

树木化石的国度

树木化石大小不一，从几厘米的碎片到躺在地上几米长的树干都有。这些化石分布在世界各地，往往成为引人注目的旅游景点。泰国曼谷班加科特森林公园中有几棵巨树，其中一棵可能是世界上最大的树木化石。这棵巨树长72.2米，直径为2米。不过，要想看到树木化石，你也不必周游世界，在波兰也可以欣赏到树木化石。在波兰东南部的罗兹托泽石林地质公园中就能找到有趣的样本。

树木化石给我们带来了什么？

树木化石是一种非常抢手的原材料，人们用它来制作独一无二的珠宝和豪华家具。

树木化石最常见的成分是石英

树木化石的颜色与注入其中的矿物质颜色相同

树脂化石
——琥珀

琥珀是数百万年前生长的树木的凝固树脂化石。目前发现的最古老的样本已有3亿多年的历史。虽然琥珀在世界各地都能找到，但几个世纪以来，对人类来说最珍贵的还是产自波罗的海的琥珀。这一地区的琥珀被称为"北方的黄金"，是罗马帝国居民的最爱。在古代，人们还组织了许多从地中海到波罗的海沿岸的琥珀探险队，这些探险队的路线被称为"琥珀之路"。

准矿物的外观

琥珀是一种准矿物，即一种仅在硬度和光泽方面与矿物相似的宝石。与无机矿物不同，琥珀是一种凝固的树脂，即有机物质。此外，如果我们用一种特殊的仪器检测宝石内部，就会发现元素原子的排列是无序的，因此无法形成矿物所特有的有序晶格。

琥珀

琥珀通常呈半透明黄褐色。白色、绿色、蓝色和黑色的琥珀块更为罕见。

流出树胶

凝固的眼泪

树木分泌树脂主要是为了愈合火、高温火山灰、闪电和风等自然力量造成的伤口。这种分泌物还具有防御功能，因为它可以包裹植被，从而抵御前来侵扰的昆虫。古代植物可能也使用了同样有效的策略。豆科植物中的阔叶树种以及针叶树，如南洋杉属、柏木属和松科松属类植物，都可能使用过这种方法，上述植物是世界上最常见的琥珀来源。

时间胶囊

很久以前，一些倒霉的生物可能会遇到从树上流下的粘稠树脂。体型较大的生物总能从黏糊糊的树脂中挣脱出来，而体型较小的生物则完全被树脂淹没。随着时间的推移，树脂逐渐凝固，变成了一个硬块，里面往往囚禁着一只昆虫，或者更罕见的是囚禁着一只小型两栖动物或爬行动物，长达几个世纪之久。这种琥珀是非凡的时间胶囊，让我们每个人都能看到远古的生物。

波罗的海琥珀

波罗的海琥珀在波兰语中也被称作"扬塔尔"或者"琥珀石"。波罗的海琥珀含有3%~8%的琥珀酸，并以此扬名天下，因为世界上其他琥珀的琥珀酸含量一般低于3%。波罗的海琥珀不仅颜色迷人，而且易于加工和抛光，是制作精美首饰的理想材料。据估计，这些"北方的黄金"年龄为4 000万~5 000万年，其大量矿藏位于格但斯克湾和桑比亚半岛地区。

被困在琥珀中的
古代昆虫

岩石的年龄是多少？

科学家使用专用光谱分析仪能够评估岩石的年龄

科学家利用专用仪器和各种技术可以评估矿物和岩石的年龄。通过研究这些构成地球的基本元素，可以估算出我们的星球已经有45亿岁了。不过，即使没有先进的设备，我们也可以估算出岩石的大概年龄，并区分古老的和年轻的岩石。不仅科学家可以做到这一点，所有对这一学科有一定了解，并能够以侦探般的眼光去观察岩石的人都可以做到这一点。

索引化石

在对岩石进行年龄测定时，岩石中存在的一些生物化石是很有帮助的，这些生物化石与地球历史（通常是几百万年或几千万年）相比，只存在过相对较短的时间，但却不难发现。通过了解哪些生物存活得较早，哪些生物存活得较晚，就可以根据岩石中的生物化石测定岩石的年龄。这些对测定岩石年代有价值的生物化石被称为索引化石，也叫向导化石。三叶虫的化石尤其有用，因为它们在5.21亿年前至4.19亿年前最为丰富。如果我们在岩石中发现了这种动物，就意味着这块岩石的年代很可能就接近于那个时期。已灭绝的菊石、箭石目、笔石都是很好的向导。

岩石中的三叶虫化石揭示了岩石的年龄

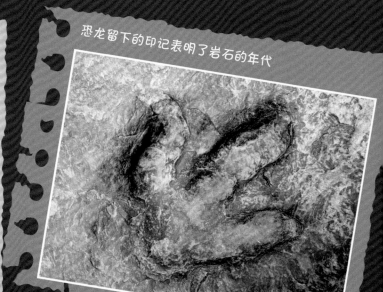
恐龙留下的印记表明了岩石的年代

分层

当你挖一个深坑时，你可能会注意到，与表层土壤相比，较深的土层具有不同的颜色。在沙质的陡峭河坡上，这种现象则更加明显。有时，它们看起来就像是由许多不同颜色的沙子和淤泥层层叠加而成。在这种情况下，一般认为地表的沉积物是较年轻的，而下面则是连续的、越来越古老的沉积物。类似的原则也适用于岩石，即假定较年轻的岩层位于较古老的岩层之上。尤其是在板块运动的地区，岩石层会发生位移，或者形成岩层褶皱，有时甚至会发生转型断层。

土壤剖面体现了连续岩层的沉积过程

在沉积岩中可以看到连续的岩层

放射性测定年代法

大多数岩石和矿物都含有微量的放射性核素，这些岩石不断分解并转化为更稳定的形式。岩石越古老，所含的放射性核素就越少。每种核素都有自己的衰变速度，因此有些核素的衰变速度快，有些核素的衰变速度慢。了解了这些数值后，就有必要使用专用仪器来检查和比较岩石中不稳定的放射性核素及其衰变产物的含量。铀238有一半的原子在45亿年后才会衰变，经常被用来测定岩石的年龄。相比之下，含有植物和动物遗骸的岩石可以通过检测碳14含量来确定其年代，碳14的半衰期为5 570年。

在发生板块移动的地方，
可能会形成岩层褶皱

如何识别矿物？

世界上有5 000多种不同的矿物，识别它们通常需要使用专业显微镜。幸运的是，也有一些更简单的方法来识别你发现的矿物。

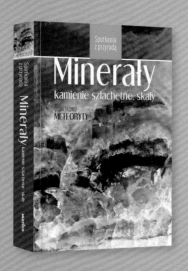

地质指南和博物馆

任何人都可以使用百科全书、地质指南、地图册、书籍和网站来帮助识别矿物。需要要注意的是，这些资料通常展示最美丽、最珍贵的样本图片，而普通的样本往往看起来不那么令人印象深刻；因此，除了研究书籍，还可以参观矿物学或地质博物馆，在那里可以看到各种岩石的实物。

矿物最重要的特征　条痕

每种矿物都有独特的物理特征，这使其容易识别。最简单的方法是识别矿物晶体的颜色、光泽、透明度和形状。其他特征，如硬度、条痕、解理和断口，则需要进行简单的测试。根据这些特征，我们可以容易地识别是哪种矿物。

如果我们用一种矿物在未经抛光的白色瓷片上进行摩擦，表面就会出现布满粉末状物质的条痕。有时，条痕的颜色会与矿物的颜色完全不同，例如，赤铁矿的条痕是血红色的，尽管该矿物是黑色的。

赤铁矿条痕为血红色

硬度

莫氏硬度计用于确定矿物的硬度或耐刮擦性。它由10种矿物对应的10个硬度等级组成，从最轻（1为滑石）到最硬（10为钻石）依次排列。要想知道你的样本属于哪一组，可以试着用指甲等物体刮一下。如果出现压痕，说明矿物非常软，硬度为1或2，即与滑石和石膏相同。如果我们有两块石头，想确定哪块更硬，让我们试着用一块石头摩擦另一块石头，然后再用第二块石头摩擦第一块石头，条痕会出现在较软的那块石头上。如果你没发现任何的痕迹，那么这两块石头的硬度很可能差不多。

硬度	例子		可被什么刮花	
1	滑石		指甲	非常柔软
2	石膏		指甲	
3	方解石		铜线	柔软
4	磷灰石		刀刃	
5	萤石		刀刃	坚硬
6	正长石		只能用锉刀	

硬度	例子		可以刮花什么	
7	石英		可以刮花玻璃	
8	黄玉		轻易地刮花玻璃	非常坚硬
9	刚玉		可以刮花并割开玻璃	
10	钻石		可以割开玻璃，且任何东西都不能将其划伤	

解理和断口

每种矿物都会在强大的冲击力或压力下破裂。沿着某个平面的破裂称为解理，这就像是巧克力条的断裂方式，即按其行列断裂。方解石和食盐的晶体存在解理现象。断口是指矿物沿着随机和不均匀的表面破裂。类似的情况是，被敲打的饼干会任意地碎裂开。石英或燧石等存在断口。我们不必打碎我们的样本，只要仔细观察，也能知道它有解理还是有断口的。如果该样本有一些均匀光滑的平面，那么这种矿物很有可能是存在解理现象的。反之，边缘不平整、呈波浪状，则表明样本可能存在断口。

盐（左边）有解理，燧石（右边）有断口

如何鉴别岩石？

岩石是矿物的集合体。许多岩石碎屑和石头非常相似，只有在专业的显微镜下才能分辨出来。不过，幸运的是，许多常见的样本可以通过视觉和触觉来识别。

花岗岩（上图）和片麻岩（下图）的纹理

岩石的主要特征

结构

岩石的结构是指矿物之间的大小、形状和相互关系。它们的颗粒可能肉眼可见（花岗岩），也可能只有在放大镜下才能看到（玄武岩）。

纹理

岩石的纹理是指矿物空间排列和填充的方式。它们可以随机排列（花岗岩）或分层排列（片麻岩）。

与盐酸的反应

用几滴稀盐酸浸湿石头表面，可以更容易地检测到由碳酸钙组成的岩石。在化学反应的作用下，石灰岩和大理岩表面开始释放二氧化碳，出现泡沫状气泡。在花岗岩、玄武岩、砂岩和其他许多岩石上肯定看不到这种气泡。请记住，酸是一种腐蚀性液体，会灼伤你的双手，因此请谨慎使用！

石灰岩

花岗岩

砂岩

这就是酸对石灰岩、花岗岩和砂岩的作用

岩石识别树状图

各种树状图图解可以帮助识别岩石,这些树状图的基础是根据问题的答案选择正确的路径。在互联网和书籍中,有各种各样的树状图,既有简单的,也有非常复杂的。由于石头的外观千差万别,通常用一张树状图来区分十几块石头,因此,建议参观矿物学博物馆或地质博物馆,那里有大量不同的岩石,并对其进行了正确的鉴定和描述。

本书中出现的岩石的树状图

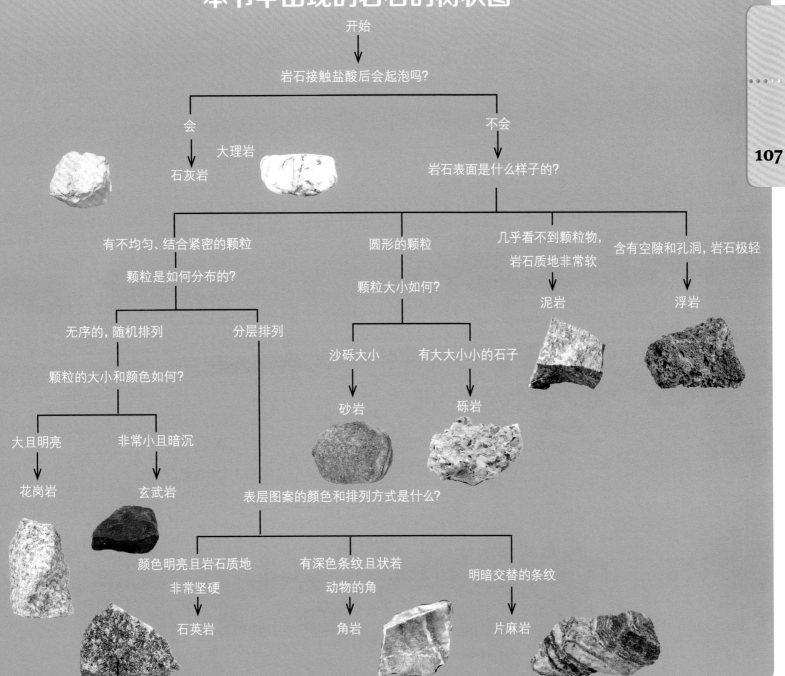

探矿者的设备

根据探矿的地点、季节和天气，你应该选择合适的服装和工具。要想成为一名探矿者，完全没有必要购置非常昂贵的设备，大多数基础设备都可以在建筑用品商店里买到。

必要装备

锤子——1~2千克重的轻型锤子，手柄有橡胶柄和木柄两种。最好使用一头形状类似镐头的锤子。锋利的一端用于将大块岩石敲开，而扁平的一端则用于将岩石敲碎成小块。

钢凿——用于从坚硬的岩石中精确地凿出矿物样本。最好选用顶部带有圆形凸出橡胶握把护罩的钢凿，这样可以保护手部免受锤子的敲击。

放大镜——方便更好地观察单个岩粒并看到岩石中的矿物质。

记事本和笔——用于记录我们的观察结果。虽然平板电脑或智能手机也可用于此目的，但雨水、风吹日晒以及跌落在岩石地面上等情况都可能毁坏这些设备，从而导致我们丢失宝贵的数据。

磁铁——用于检查岩石中是否含铁。如果岩石中含有大量铁，就会吸引磁铁。通过这种方法，我们可以识别出有趣的陆地岩石，甚至是价值不菲的铁陨石。

铲子——用于寻找土壤中的岩石和矿物，以及分类成堆的石头、砾石和沙子。

各种容器——最好带上轻质塑料食品盒。单晶体和小晶体可以放在药瓶、密封袋或火柴盒中。

背包——既可以放岩石样本，也可以放有用的工具。

手机——用于打电话求助或向朋友分享自己的发现。

相机——在搜索区域拍照非常有用。不一定要专业相机，能拍照的手机也可以。

地图——必不可少，尤其是在山区，以便找到正确的路。

小刀——需要用来做各种事情，尤其是检查矿石的硬度。

合适的衣物

鞋子——最好是专为徒步旅行设计的防滑鞋，这样在岩石地上行走会更加安全。

雨衣——天气常常令人捉摸不透，所以最好至少带一件一次性雨衣，也可节省背包空间。

头盔——可以是符合标准的安全帽，以保护头部不受伤害。尤其是在岩石悬崖下探矿时，头盔是必备物品，因为岩石碎屑可能会从上面掉下来。

手套——有皮质和布质两种，可保护双手不受伤害。

护目镜——在用锤子或钢凿敲打岩石时，必须戴上护目镜，以保护眼睛免受飞溅碎石的伤害。

急救箱
使用锤子或钢凿工作容易受伤。你永远不知道什么时候会需要用到膏药、绷带和伤口消毒剂。你应该随身携带这些物品。

或近或远的探矿征途

每一次实地考察都是一次伟大的探险。陆地上的岩石世界如此之大，即使我们长命百岁、腰缠万贯，也无法走遍它的每一个角落。不过，你完全不必担心这个问题。岩石无处不在，你只需仔细观察周围的岩石。我们可以在任何一天，甚至就在今天，开始我们与岩石和矿物的探险之旅。

探索后院

如果你家附近有自己的花园、果园或林地，你就可以从这里开始进行第一次探索。即使你没有看到任何岩石，地下也肯定埋藏着一些。更重要的是，你根本不需要挖得很深。只需拿起铲子，翻动几处土壤即可。这样，如果运气好的话，你一定能很快找到第一块岩石样本。即使它看起来平平无奇，你也应该知道，你找到的每一块岩石都非常古老，有几百万年，甚至几十亿年的历史！

实地考察

在进行较长时间的探险之前，我们总是应该在旅游指南、相关书籍以及互联网上查找有关该地区的信息。岩石和矿物的王国当然是山脉及其周边地区，那里总会有一些花岗岩、片麻岩和玄武岩。如果幸运的话，我们可能会在石灰岩或砂岩上发现一些动物的印记。最好的情况是，我们能在岩石的裂缝和空隙中寻找到构造精美的矿物晶体。除了山区，沿海海滩、河流和溪流岸边也有很多有趣的岩石样本。废弃的采石场、砾石坑和露天矿也是寻找岩石样本的绝佳地点。

这块黑色石头可能是陨石

在山上最容易找到有趣的岩石

在海边也能找到有趣的岩石

带有远古动物足迹的岩石是收藏家的珍品

采石场是寻找各种岩石的绝佳地点

重要守则

1.为了自身安全，我们应在外出前告知身边的亲友我们将去的地方。

2.注意地形，避开危险区域。在悬崖和陡壁边缘，我们要特别小心，因为从母岩上脱落的石头和巨岩可能会从上面掉下来。请记住，任何岩石或矿物都不值得我们为此失去健康或生命。如果我们看到一个漂亮的样本却无法接近它，那么我们应当暂时放弃它。石头不是野兔，所以它肯定不会逃走。我们可以在专业人士的监管下来到这个地方，由专业人士来评估这个样本是否值得收藏。

3.不要破坏植被，不要惊吓动物。

4.不要在国家保护公园和保护区内采集或劈开岩石。

5.在进行探险之前，一定要确认是否需要获得探索特定地点的相关许可。

创建你自己的藏品库

收集岩石、矿物和化石，最重要的是要乐在其中。因此，如果我们喜欢观察石头的形状、颜色和结构，那么收集石头就很有可能成为我们最喜欢的爱好。

如何为藏品库积攒样本？

我们有两种方式为藏品库获取有趣的样本：一是自己寻找，二是购买。我们可以在网上商店、各种组织或博物馆举办的矿物交流会上购买各种样本。

样本处理

大多数岩石和矿物通常不需要特别的处理。将它们带回家后，可以用刷子在温肥皂水中清洗，去除其上残留的泥土和各种杂质，难以触及的地方可以用木质牙签尖头进行清洁，洗净的石头最好用纸巾擦干。经过这些保养程序后，许多石头都会以有趣的结构和各种颜色展现其自然之美。有了这些显而易见的特征，岩石或矿物的鉴别就变得容易多了。

可以在矿物市场购买各种样本

岩石和矿物藏品库

非常微小的样本用密封袋存放

样本的分类

如果我们不知道自己发现了哪些岩石和矿物，那也不需要担心。我们可以根据岩石的形状、颜色、颗粒大小等因素，将样本进行分类，并将其制作成藏品。还有一种更简单的方法，就是根据采集区域来排列采集物，例如来自河流、溪流、采石场、砾石坑的岩石。分类后，每块岩石上都应粘上或用胶带固定一张纸，上面写明岩石的编号，可能还有岩石的名称以及发现的日期和地点。有了这样详细的描述，当我们发现自己找到的是有价值的矿物或岩石时，就可以返回去查找其余的样本了。

样本的储存

带盖子和隔层的木箱是存放岩石样本的理想选择。不过，纸箱甚至可再封的鸡蛋盒也同样适用。在这些压花纸隔层中，较小的岩石样本展示起来会非常漂亮。小的矿物晶体和小的岩石碎屑可以放在塑料密封袋、火柴盒或旋紧式药瓶中——最好是透明玻璃瓶。如果想在架子上或书桌上展示漂亮的水晶，可以将它们粘在木架上或着放置在透明的塑料盒中。

矿物和岩石可以放在有隔层的木盒中

岩石可以放在鸡蛋盒中

如何成为一名地质学家？

地质学是研究地球的起源、历史和结构，即研究岩石和矿物的科学。拥有这方面知识的科学家和相关机构的工作者都被称为地质学家。

地质学家在野外开展工作

人类从什么时候开始研究地质学？

地质学是一门古老的科学，从古时起，人类就注意到地球表面在不断地发生变化，其中大部分变化非常缓慢，以至于在人的一生中几乎无法察觉。如今，地质学已成为一门高度发展的科学学科。地质学家的工作既包括对地球表面的研究，也包括对地球深处的研究，即寻找有价值的矿藏、煤炭、石油和天然气。

地质学家的工作

地质学家就像一名侦探，他们通常要处理因地球上过去发生的事件而形成的物质。除了掌握相关知识外，研究地球结构的专家首先要有敏锐的洞察力、探究精神、毅力和耐心，还要有直觉和想象力。只有具备这些素质的人，才能通过观察得出准确的结论。地质学家的工作主要是在野外观察和取样，然后在实验室内进行分析。你必须喜欢自然世界，接受它的一切变幻莫测。如果你不怕天气的突然变化，喜欢旅行，并被山峦、岩石和矿物世界所吸引，那么你一定会喜欢地质学家这个职业。

地质学家在实验室里工作

选择什么专业?

要想成为一名专业的岩石和矿物科学家,你需要在一所大学完成地质学学位的学习。许多大学或理工学院都设有地质学系,地质学属于地球科学的范畴。在学习期间,你可以选择多个地质学课程。如果你对岩石和矿物非常感兴趣,你可以选择岩石学和矿物学。

地质学家是富有洞察力的"侦探"

在大学期间有什么在等着你?

在大学期间,你将学习有关地球的知识,熟悉专业设备,了解地质学家工作的方方面面。在大学里,除了讲座和练习,还有各种各样的野外活动。大学和院系会组织一日或多日的学生实践活动。在这些活动中,你可能会参观一些有趣的地质景点。

对地质学家来说,遍布岩石和矿物的山区是非常有趣的地方